沿海平原城市雨洪资源利用及风险管理研究
——以江苏省连云港市为例

方国华　朱丽向　黄显峰　著

中国水利水电出版社
www.waterpub.com.cn
·北京·

内 容 提 要

　　本书以江苏省连云港市为例，研究沿海平原城市雨洪资源利用及其风险管理。主要内容包括：连云港市水资源配置及供水格局分析、连云港市雨洪资源利用潜力及模式分析、连云港市雨洪资源利用方案确定与可利用量估算、连云港市雨洪资源利用效益分析、连云港市雨洪资源安全利用风险管理、连云港洪水资源利用风险图绘制。

　　本书可供水利、生态、环境、农林、资源等相关领域的科学研究人员、工程技术人员、管理决策人员及大专院校、科研院所有关专业师生使用和参考。

图书在版编目（ＣＩＰ）数据

沿海平原城市雨洪资源利用及风险管理研究 ： 以江苏省连云港市为例 / 方国华，朱丽向，黄显峰著. -- 北京 ： 中国水利水电出版社，2017.12
　　ISBN 978-7-5170-6161-8

Ⅰ. ①沿… Ⅱ. ①方… ②朱… ③黄… Ⅲ. ①城市－暴雨洪水－雨水资源－资源利用－风险管理－研究－中国
Ⅳ. ①TV213.4

中国版本图书馆CIP数据核字(2017)第326312号

书　　名	沿海平原城市雨洪资源利用及风险管理研究 ——以江苏省连云港市为例 YANHAI PINGYUAN CHENGSHI YUHONG ZIYUAN LIYONG JI FENGXIAN GUANLI YANJIU ——YI JIANGSU SHENG LIANYUNGANG SHI WEI LI	
作　　者	方国华　朱丽向　黄显峰　著	
出版发行	中国水利水电出版社 （北京市海淀区玉渊潭南路 1 号 D 座　100038） 网址：www. waterpub. com. cn E - mail：sales@waterpub. com. cn 电话：(010) 68367658（营销中心）	
经　　售	北京科水图书销售中心（零售） 电话：(010) 88383994、63202643、68545874 全国各地新华书店和相关出版物销售网点	
排　　版	中国水利水电出版社微机排版中心	
印　　刷	天津嘉恒印务有限公司	
规　　格	170mm×240mm　16 开本　9 印张　176 千字	
版　　次	2017 年 12 月第 1 版　2017 年 12 月第 1 次印刷	
印　　数	0001—1000 册	
定　　价	**48.00 元**	

前　言

我国是一个洪涝灾害频发的国家，洪涝灾害使人类生命和社会、经济及环境资产蒙受巨大损失。同时，缺水、水污染问题也日益突出。随着社会经济的快速发展，各个领域对水资源的需求也越来越大。目前对地表水、地下水等水资源的开发利用已经不能满足生产生活的需要，开发新的淡水资源成为迫在眉睫的任务。雨洪资源就是具有极大开发潜力的淡水资源。传统意义上的雨洪资源利用是指将城市降雨所形成的洪水资源加以收集利用。随着经济社会跨越发展，特别是沿海开发快速推进，淡水资源需求量将迅猛增长，水资源供给保障面临着更加严峻的考验。如何扩大水资源配置和调蓄能力，构建安全可靠的水资源供给保障体系，是一项需要迫切解决的重大战略课题。开展雨洪资源利用研究，增强地表拦蓄能力，提高雨洪资源利用效率和水平，既是坚持统筹兼顾、综合治理，缓解城市水资源短缺和洪涝多发矛盾，促进"大水利"全面、和谐发展的有效途径，也是坚持立足自保、着眼长远，缓解未来水资源供需矛盾，事关经济社会可持续发展的战略举措。

江苏省连云港市位于淮河流域沂沭泗（沂水、沭水、泗水）水系的最下游，新沂河、新沭河从市内东流入海，是著名的"洪水走廊"。同时，连云港市处在江苏省供水网络的末梢，也是水资源较为紧缺的地区，本地水资源供需缺口约为 50%，缺口主要依靠外调江淮水来解决。因此，本书以江苏省连云港市为例，研究沿海平原城市雨洪资源利用及其风险管理。主要内容包括：连云港市水资源配置及供水格局分析、连云港市雨洪资源利用潜力及模式分析、连云港市雨洪资源利用方案确定与可利用量估算、连云港市雨洪资源利用效益分析、连云港市雨洪资源安全利用风险管理、连云港洪水资源利用风险图绘制。

本书由方国华、朱丽向、黄显峰共同撰写，全书由方国华统稿。

本书的研究工作得到江苏省水利科技项目"连云港市雨洪资源利用研究"（2010018）、江苏省自然科学基金"沿海城市过境洪水资源利用效益量化及风险评估研究"（BK20130849）、江苏省水利科技项目"连云港市洪水资源利用风险管理技术与应用"（2014064）、江苏高校优势学科建设工程项目等项目的支持。参加相关课题研究工作的还有戴振伟、吴学文、贾成孝、闻昕、刘秀梅、高玉琴、孙宗凤、张鹏程、罗乾、闫轲、袁玉、林杰、唐摇影、朱晓茜、刘娇、刘展志、李宛谕等。在此向对本书撰写及研究工作给予关心、支持和帮助的所有领导、专家和同行们表示衷心的感谢！

雨洪资源利用涉及因素较多，内容复杂，研究工作难度也大，加之时间、资料的限制，本书肯定还存在一些不足之处，恳请广大读者批评指正！

作者

2017 年 8 月

目　录

第1章 绪 论

1.1 研究背景与意义

我国是一个干旱缺水现象严重，同时洪涝灾害频发的国家。我国的水资源时空分布极不均匀，水的供需矛盾十分突出，其特点表现在：水资源的空间分布不均匀；水资源补给的年内与年际变化较大；人均水资源占有量偏少；水资源区域分布与生产力分布极不匹配。我国水资源总量丰富，根据第二次全国水资源调查评价结果，多年平均水资源总量约为 2.8 万亿 m^3，但单位国土面积水资源量为全球平均水平的 83%，人均水资源量约 2200m^3，仅为世界人均水平的 1/4。统计数据显示，我国正常年份缺水量约为 500 亿 m^3，全国 660 多座城市中有 400 多座城市供水不足，114 座城市严重缺水，在 32 座百万人口以上的特大城市中，有 30 座长期受缺水困扰，2000 多万农村人口存在饮水困难问题。干旱缺水对工业、农业生产造成不利后果的同时，也对城市、农村人民的生活带来不良影响，甚至会造成河道断流、湖泊干涸、地面沉降等恶劣后果，不仅使环境恶化，更给人类的生存带来极大威胁。

伴随社会经济的快速发展带来的是各个领域对水资源需求的全面提升，这不仅是要提高水资源的供给量，也对供水的保证率、均衡性以及水质提出了更高的要求，更要求经济社会与生态环境协调发展。预计到 2030 年，我国的人口将达到 16 亿人的峰值，人均水资源拥有量将下降到 1750m^3，用水总量将达 7000 亿～8000 亿 m^3，而实际可能利用的水资源量约为 5000 亿～9500 亿 m^3，两者已十分接近。人口的增长和经济的发展要求供水能力比现状增加 1300 亿～2300 亿 m^3，可见我国水资源供需矛盾之突出，已接近国际公认的警戒线。当前地表水、地下水等水资源的开发利用程度已经很高，进一步开发已不能满足生产生活的需要，传统的思路、办法难以解决我国水资源短缺问题，非常规淡水资源的开发显得尤为重要。近年来的雨洪水资源利用研究与实践也表明，通过科学的采取工程措施和非工程措施，可以在不增加风险的同时，提高水资源的利用率，取得显著的经济、生态环境和社会效益。

本书以江苏省连云港市为例，研究雨洪资源利用及其风险管理。

连云港市处于江苏省供水网络末梢，是水资源紧缺地区之一，而当地过境洪水资源量充沛。通过了解连云港市基本情况，以期通过利用连云港市过境洪水资源来改善连云港市缺水状况，为连云港市洪水资源利用风险分析的可行性和必要性提供了基础支撑。如能部分转化为可利用水量，将使连云港缺水状况大为改善。

连云港市位于鲁中南丘陵与淮北平原的结合部，整个地势自西北向东南倾斜，境内平原、海洋、高山齐观，河湖、丘陵、滩涂具备。全市地貌基本分布为中部平原区，西部岗岭区和东部沿海区三大部分。东部沿海平原海拔 3.00～5.00m，主要为山前倾斜平原、洪水冲积平原及滨海平原 3 类，总面积 5409km²，约占全市土地面积 70%。西部东海县的丘陵海拔 100.00～200.00m，主要是 700km² 盐田及 480km² 滩涂。境内山脉主要属于沂蒙山的余脉，绵亘近 300km。沿岛礁共 21 个，其中岛屿 9 个，面积为 7.57km²。连云港市处于暖温带与亚热带过渡地带，常年平均气温 14℃，历年平均降水量约 900 多 mm，常年无霜期为 220d。主导风向为东南风。由于受海洋的调节，气候类型为湿润的季风气候。

连云港经济总量近年来持续扩张。2016 年 GDP 总量达到 2376.48 亿元，增长 7.8%，总量较上年增加 215.84 亿元。人均 GDP 首超 50000 元，达到 52986 元，较上年增加 4570 元，同比增长 9.44%。结构调整取得积极成效。第一产业增加值 301.56 亿元，同比增长 1.6%；第二产业增加值 1049.90 亿元，同比增长 7.8%；第三产业增加值 1025.02 亿元，增长 9.8%。三次产业协调性增强，逐步形成第一、第二、第三产业相互促进发展的格局。三次产业结构由上年的 13.1：44.4：42.5 调整为 12.7：44.2：43.1，和上年相比第一产业下降 0.4 个百分点，第二产业下降 0.2 个百分点，第三产业提高 0.6 个百分点。

连云港市地处淮河流域沂沭泗（沂水、沭水、泗水）水系的最下游，辖区分属沂河水系、沭河水系和滨海诸小河水系。灌南、灌云县和海州区、连云区东南部属沂河水系，东海县、海州、连云区大部和赣榆西南部分地区属沭河水系，赣榆区其他大部地区属滨海诸小河水系。连云港市多年平均降水量为 895.9mm，降水量等值线自西北向东南递增，在 860～960mm 之间变化，940mm 等值线位于灌云县南部、灌南县中部，860mm 等值线位于赣榆区北部。其分布特点是：从北向南，赣榆区大于沂北区，沂北区大于沂南区。按行政分区看，连云港市区，由于濒临黄海，且建设用地占的比重较大，是本市径流值高值区，多年平均年径流深为 279.3mm；处于中西部的东海县，丘陵面积较大，多年平均年径流深为 256.1mm；南部的灌云、灌南县，虽然降水量比北部偏大，但山丘区面积只占总面积的 1.9%，基本上是黏土、亚黏土互层的平原区，所以径流值是本市的最低区，多年平均径流深为 239.5mm。多年平均地表径流量 17.6 亿 m³，人均占有水资源量约 400m³，在全国范围内处于较低水平，连云港市主要利用地表水和外调的江淮水。

连云港市主城区（指海州区、连云区）的主要水源为蔷薇河。蔷薇河发源于马陵山麓，流经东海县和海州区，为连云港市调引江淮水的通道，多年平均水位为 2.50m，河道槽蓄水量约 1410 万 m³，水质为Ⅲ类。另外主城区内有烧香河、排淡河及一些小水库，供给市区少量的农业用水。赣榆区的地表水源主要为小塔山水库和青口河。东海县的地表水源有沭新渠和石安河。盐河流经灌南、灌云县城和市区，主要供给两县城区的农业用水和部分工业用水，灌云县城的地表水源主要为叮当河，灌南县水源原为地下水，因地下水超采形成漏斗，根据水源地建设规划，现逐步转为地表水，水源主要取自北六塘河、通榆河。

连云港市地下水开采量少。灌云、灌南主要开采深层水，年允许开采量分别为75.4万 m^3、415.93万 m^3。赣榆区、东海县主要开采浅层水和基岩裂隙水，年允许开采量为273.07m^3、123.92万 m^3。海州区、连云区主要开采基岩裂隙水，年允许开采量为540.59万 m^3。全市地下水年允许开采总量为1428.91万 m^3。浅层水多分布于50m以上，溶解性总固体多大于3g/L，供水意义不大。

当地雨水资源利用技术与设施较为落后，当地雨水资源主要为石梁河、小塔山、安峰山等水库利用，作为雨水调蓄池，对雨水的排放起到了一定的调蓄作用，其余部分以径流形式流失，当地雨水利用水平及设施比较落后，还没有形成较为完善的理论和技术体系。

1.2 雨洪资源利用的内涵与特点

1.2.1 雨洪资源利用的内涵

传统意义上的雨洪资源利用是指将城市降雨所形成的洪水资源加以收集利用。本书中雨洪资源利用主要包括城市雨水资源利用和过境洪水资源利用，对于有条件的地区同时考虑本地降雨径流资源利用。本书研究的重点是过境洪水资源利用。

城市雨水资源利用是针对城市开发建设区域内的屋顶、道路、庭院、广场、绿地等不同下垫面降水所产生的径流，采取相应的措施，或收集利用，或渗入地下，以达到充分利用水资源、改善生态环境、减少外排径流量、减轻城市防洪排涝压力的目的。

过境洪水资源利用指在保障防洪安全，并对自然环境不产生危害的前提下，利用现有水利工程拦蓄洪水或延长过境洪水在河道、蓄滞洪区的滞留时间，增加可利用的淡水资源量，恢复河湖、洼地水面景观，改善人居环境，并最大可能补充地下水的过程。

总体来讲，雨洪资源利用是调节降水径流的时间空间分布，将夏季汛期的雨水洪水利用工程与非工程的手段进行存蓄、净化，在降雨少的冬春季进行利用；利用调水工程将雨洪水调往水资源缺乏的流域，将地表水通过洼地、蓄滞洪区等进入地下水体，来对水资源空间分布的不均匀进行调配。雨洪资源利用可以增加全年的可利用水量，实现区域间的水量互补，并且减小河道的下泄流量。

雨洪资源利用非工程措施包括对雨洪资源进行调度和重新分配，减少雨洪资源流失，增加其利用率，调度包括水库调度、河网调度等，或者规划蓄滞洪区湿地来存蓄下渗雨洪资源，再者可以通过制定法律法规或采取经济手段来强制和引导人们对雨洪资源的利用，唤起民众利用雨水的意识。

1.2.2 雨洪资源利用的特点

基于上述雨洪资源利用思想，结合现代社会发展要求，将雨洪资源利用的特点概述如下。

1. 对象性

对于流域内的天然降雨、洪水以及流经本区域的过境洪水都是雨洪资源利用的对象。

2. 双重性

要改变以往对洪水的认识。洪水泛滥会成为灾害，但我们同样面对水资源短缺、水环境恶化的问题，所以我们要科学的利用雨洪资源。经过调度和建设水利工程把过量的洪水疏导入海，把部分洪水留住并利用。

3. 风险性

洪水是自然界水循环的一种表现形式，人为的利用是否会影响水循环，影响的程度是否会超出自然的承受力，是我们要考虑的风险因素。针对到某一处洪水利用的工程措施，也存在风险性。决策失误往往会造成巨大的水事灾难，如库区坍塌、水库垮坝等重大事件。因此同其他的水资源利用方式相比，洪水的水资源利用风险更为突出，造成的危害也更直接，需要给予足够的重视。

4. 针对性

在水资源的利用中有很多方法是通过节约用水，转变用水观念来达到目的的。这些方法并没有致力于增加可利用的水资源量，而是采用间接的方法，减少用水量，减少不必要的浪费，从而达到可利用水资源量的相对增加。雨洪资源利用则是将重心放在了水资源的挖潜方面，直接通过工程与非工程措施的应用，将一部分非常规水资源转化为安全的可利用水资源，从而增加水资源总量。

5. 系统性

水系统是一个复杂的大系统，其影响因素众多，涉及面广。对雨洪进行资源利用所要求的技术含量高，也需要多个部门相互之间的密切合作。雨洪资源利用不仅仅是流域内部的水量调整，很多情况下是不同流域之间的调配。其系统性包括水库与水库、水库与下游河道之间的联合调度，平原区河网水量的配置，蓄滞洪区的分洪蓄洪以及雨洪资源利用对环境和生态带来的负面影响等。雨洪资源利用所涉及的因素是多方面的，需要统一规划，全盘考虑。

6. 可持续性

雨洪资源利用不能以对自然环境造成伤害为代价，应以可持续发展及系统的观点来对待它。因此，雨洪资源利用的一个重要特点就是要在保障防洪安全、确保水环境可持续发展的前提下开展资源利用工作。对洪水实施资源利用需要结合地区的实际情况，因地制宜，量力而行，保证原有水环境的稳定性，因为一旦这种平衡被打破，人们需要付出更多代价才能使之恢复。因此在开发利用雨洪资源的过程中，坚持采用水资源可持续的良性开发方式至关重要。

1.2.3 连云港市雨洪资源利用的特点

连云港市地处江淮供水系统末梢，容易受到供水不足的影响，且水资源量占全市水资源利用总量的比例偏小，连云港市用水对外界的依赖较大。本地降水年内分布不均，70%以上集中于6—9月，期间上游洪水过境，区域防洪压力大。而在非汛期又因降水少、用水多、上游无来水，使缺水矛盾突显。境内地表径流拦蓄能力不足，地下水资源水质较差。当地过境洪水资源量充沛，但由于缺乏成熟的理论与技术，过境洪水资源尚未得到利用。

连云港市承接沂沭泗上中游8.0万 km² 的来水，过境水量比较丰沛，全市多年平均过境水量60.48亿 m³，其中沂南区25.40亿 m³，占总量的42.0%，沂北区33.72亿 m³，占55.8%，赣榆区1.36亿 m³，占2.2%。连云港市过境洪水通道主要有流域性河道新沂河、新沭河、沭河及区域性骨干河道灌河、善后河、蔷薇河、青口河、龙王河等。连云港市新沂河、新沭河、蔷薇河、石安河、龙梁河、青口河等河道建有沿线闸站，具有较好的取水规模，可利用闸站调度，充分利用汛期洪水。但灌河、烧香河、武障河、义泽河等河道缺乏控制性闸站，无法在汛期充分利用过境洪水。连云港市总面积为7615km²，全市多年平均径流深为256.9mm，以此计算连云港市本地雨水资源量理论值为19.3亿 m³，开发利用城市雨水具有水量保障。目前，我国一些城市出台了《城市供水和节约用水管理条例》开始实施，明确规定规划用地面积2万 m² 以上的新建建筑应当配套建设雨水收集利用系统，如果小区规划方案中没有雨水收集利用系统，将无法通过审批。连云港已在城建法规中加入了雨水资源利用的内容，但目前市区和各县只有一些零星的雨水资源利用设施，尚无形成规模，城市雨水资源利用尚待进一步开发。

1.3 洪水资源利用的国内外研究动态

1.3.1 国外研究动态

由于全球范围内水资源紧缺和暴雨洪水灾害频繁，近几十年来美国、日本、德国等40多个国家和地区在城市开展了不同程度的雨洪资源利用研究与实践。

美国的雨洪资源利用是以提高天然入渗能力为其宗旨。美国加利福尼亚州富雷斯诺市的 "Leaky Areas"，地下水回灌系统，1971—1980年10年间的地下水回灌总量为1.338亿 m³，其年回灌量占该市年用水量的1/5。在芝加哥市兴建了著名的地下隧道蓄水系统，以解决城市防洪和雨水利用问题。

日本于 1963 年开始兴建滞洪和储蓄雨洪的蓄洪池,还将蓄洪池的雨水用作喷洒路面、灌溉绿地等城市杂用水。这些设施大多建在地下,以充分利用地下空间。而建在地面上的也尽可能满足多种用途,如在调洪池内修建运动场,雨季用来蓄洪,平时用作运动场。地下蓄洪池形式也是多样的,如大阪市的隧洞式地下防洪调节池,可蓄水 112 万 m^3。名古屋市的方形地下蓄洪池,可容纳洪水 10 万 m^3。1992 年,日本颁布了"第二代城市地下水总体规划"正式将雨水渗沟、渗塘及透水地面作为城市总体规划的组成部分,要求新建和改建的大型公共建筑群必须设置雨洪就地下渗设施。

德国是欧洲雨洪资源利用工程建设最好的国家之一。目前德国的雨洪资源利用技术已经进入标准化、产业化阶段,市场上已大量存在收集、过滤、储存、渗透雨水的产品。德国的城市雨水利用方式有以下三种:

(1)屋面雨水集蓄系统,集下来的雨水采用简单的处理后达到杂用水水质标准主要用于家庭、公共场所和企业的非饮用水,如街区公寓的厕所冲洗和庭院浇洒。法兰克福一个苹果榨汁厂,把屋顶集下来的雨水作为工业冷却循环用水,成为工业项目雨水利用的典范。

(2)雨水截污与渗透系统。道路雨洪通过下水道排入沿途大型蓄水池或通过渗透补充地下水。德国城市街道雨洪管道口均设有截污挂篮,以拦截雨洪径流携带的污染物。城市地面使用可渗透的地砖,以减小径流。行道树周围以疏松的树皮、木屑、碎石、镂空金属盖板覆盖。

(3)生态小区雨水利用系统。小区沿着排水道修建有渗透浅沟,表面植有草皮,供雨水径流流过时下渗。超过渗透能力的雨水则进入雨洪池或人工湿地,作为水景或继续下渗。德国还制定了一系列有关雨水利用的法律法规。如目前德国在新建小区之前,无论是工业、商业还是居民小区,均要设计雨水利用设施,若无雨水利用措施,政府将征收雨水排放设施费和雨水排放费。

美国、以色列、丹麦、瑞典、荷兰、澳大利亚等国在洪水资源利用方面已进行了相关研究与实践。

美国加利福尼亚州北水南调工程是美国西部洪水资源利用的一个典型,有效解决了该州地区水资源短缺问题。调水工程从该州北部山区奥罗维尔市开始。奥罗维尔土石坝把上游 3 个湖的湖水和一些山涧河流的水拦截储蓄在这里,使奥罗维尔湖成为调水工程中的最大蓄水水库,其库容量达到了 43.17 亿 m^3。水库建成后既可以控制北部经常泛滥的洪水,又可引水向南经费瑟河、萨克拉门托河及人工沟渠水道逐步将水调到南部。北水南调工程年调水量近 50 亿 m^3,供该州 2000 万人使用,调水量的 70% 用于城市,30% 用于灌溉 360 多万亩农田,是目前世界距离最长扬程最高的调水工程。另外,美国还十分重视应用洪水资源补给地下水资源,例如芝加哥市兴建的地下隧道蓄水系统,一方面可以解决城市防洪问题；另一方面可以发挥洪水资源补给地下水的作用。

以色列国土呈南北狭长分布，面积约 1.5 万 km²，北部为地中海气候降雨充沛，南部为沙漠地区水资源短缺。但是南部地区阳光充足，适合发展农业。以色列北水南调工程起始水源地为以色列东北部的太巴列湖，高水位时太巴列湖可蓄水 4.3 亿 m³，除去损耗及下泄约旦河的 0.4 亿 m³ 水量，调水工程年均可从太巴列湖抽水 3.9 亿 m³ 左右。该工程利用北方充足的洪水资源，使以色列水资源配置不均的不利状况得到了改善，把大片不毛之地的荒漠变为绿洲，扩大了以色列国家的生存空间。

丹麦将洪水作为可替代水源，以减少地下水的消耗。丹麦 98％以上的供水是地下水，一些地区的含水层已被过度开采，丹麦从洪水的利用方面寻找突破口，收集洪水，收集后的洪水通过过滤设备进入储水池进行储存。使用时利用泵经进水口的浮筒式过滤器过滤后用于冲洗厕所和洗浴。

瑞典、荷兰、德国、澳大利亚、伊朗等国也在实施地下水人工补给，以解决水资源短缺问题。瑞典、荷兰和德国的人工补给含水层工程，在总供水中所占的份额分别达到了 20％、15％和 10％。20 世纪 50 年代起，荷兰在沿海人口稠密的城市地区开展了大规模的地下水人工补给工程，到 1990 年地下水补给量达到了 1.8 亿 m³/a。

国外雨洪资源利用方式汇总见表 1.1。

表 1.1　　　　　　　　国外雨洪资源利用方式汇总

雨洪资源	利 用 方 式	备　　注
城市雨水资源	利用城市雨洪资源	德国、日本、美国城市雨水利用
洪水资源	建设调水工程利用洪水资源	美国、以色列的北水南调等跨区域调水
	利用雨洪水资源回灌地下水	美国加利福尼亚州弗雷斯诺市的地下水回灌系统

洪水资源作为一种非常规资源，在利用过程中，必须保持审慎客观的态度，要在保证水利工程安全、水质安全、生态环境不受影响的前提下开展洪水利用。为满足这些条件，必须进行洪水资源利用风险分析研究。当前洪水资源利用风险分析研究最多的方面是水库汛限水位调整，包括动态汛限水位控制的研究和抬高现有水库汛限水位的研究等。

1978 年，美国总统卡特在对美国水利资源委员会的工作强调了对水资源工程进行风险分析的必要性和重要性。世界各国对水资源工程中的风险决策以及水资源系统的风险分析都高度重视，开展了广泛的研究。水库调度中的风险概念和分析方法于 20 世纪 80 年代才提出。Rackwitz（1976）在水库防洪风险计算中首次运用一次二阶矩法。Houck（1979）提出了一个有机遇约束的线性规划风险模型，是以预报可靠性作为输入，包含与未来径流预报有关的决策模型。Simocvic

和 Marino（1980）在前人研究的基础上，对水库调度的可靠性进行了系统的研究。Loucks（1981）等在研究水库来水洪量与防洪库容之间关联的基础上，得出了在一定防洪库容情况下不同频率洪水与其造成损失间的关系。Yazicigil（1983）等通过分析入库洪水与最大库容之间的关系，认为通过现有典型年设计洪水方法计算出来的水库最高防洪水位，会因典型年选择的不合适而造成水库存在很大的超校核洪水位的风险。Vogel 等（1987）考量了决策者对风险所持的态度，构建了水库在运行时的防洪与兴利的效用函数，最后利用对策论来指导水库运行。Karlsson 和 Haimes（1989）运用多目标风险理论对大坝运行安全问题进行了风险分析，使用了 5 种不同类型的概率分布函数，并对结果进行了对比。Salmon 和 Hartford（1995）介绍了目前国外盛行的"允许风险分析法"，将风险定义为大坝溃坝的破坏概率和溃坝损失的乘积。Anselmo 等（1996）介绍了构建水文水力耦合模型来对意大利某洪水泛滥区进行洪水风险评估的详细过程。目前国外风险分析研究主要集中在洪水保险、洪泛区管理及风险决策等方面。Bouma 等（2005）通过对决策者对待风险的态度将如何最大程度影响评估结果的研究中，得出对待风险的态度和对风险概念的理解将对水管理领域的决策过程和结果产生影响。Li 等（2005）的研究表明在非稳定条件下的情况下，随机过程理论可作为有效的工具对水资源系统进行风险分析的有效工具。Feng 等（2007）首次运用季节性 AR（1）模型模拟水库洪水入流，在考虑水库泄流不确定性、不同典型代表年和历史大洪水的情况下对水库汛限水位调整进行风险分析，确定最佳均衡汛限水位。Cao 等（2008）指出选择合理可行的方法来计算水库汛限水位调整的风险和效益具有很重要的理论和实践意义。Wang 等（2011）基于对某水库 11 年汛期期间 1342d 的降雨预报信息和降雨观测数据的比较，验证了贝叶斯理论在水库汛限水位调整风险分析中的适用性。Dong 等（2013）提出了一种数值分析方法来计算由水库汛限水位调整所造成的水库下游风险，与传统方法对比，验证了其正确性。Wang 等（2015）在对水库不同频率设计洪水进行调洪演算和统计水库长系列供水的基础上，构建风险效益决策模型来进行水库汛限水位调整。

1.3.2 国内研究动态

我国城市雨水利用研究与应用始于 20 世纪 80 年代，发展在 20 世纪 90 年代。总的来说技术还较落后，缺乏系统性，也缺少法律法规保障体系。20 世纪 80 年代，岑国平在根据北京市百万庄小区的实测资料，用 ILLUDAS 模型做了一些检验。并于 1990 年提出了城市雨水径流计算模型，这是我国最早自己开发程序对城市雨水径流进行比较精确的模拟模型。罗红梅（2007）以北京浅山区生态村为研究对象，计算了北京山区可利用的雨洪资源量，提出了北京浅山区生态村的雨洪控制与利用模式。王情（2009）分析了中国北方城市雨水利用的必要性和可行性，对几个典型的中国北方城市的年均雨水资源化潜力以及石家庄市单次强降雨产生的雨洪资源利用潜力进行了计算。李方红（2011）从石家庄市城镇化后雨洪资源利用效益方面，分析了石家庄城镇化后雨水资源利用的潜力。目前，我国大中城市的雨水利用基本处于探索与研究阶段，但已显示出良好的发展势头。北京、上海、深圳等许多城市已相继开展了研究与实践。

北京市与德国 Essen 大学、DORSCH CONSULT 公司合作的雨洪利用示范小区项目已于 2000 年开始启动。2001 年，国务院批准了包括雨洪利用规划内容的"21 世纪初期首都水资源可持续利用规划"。北京建筑工程学院和北京城市节水办公室从 1998 年开始立项研究，并于 2001 年 4 月建成了几处示范工程，如第十五中学雨水利用工程、北京西城区华嘉小学雨水与景观工程、北京东城区青年湖雨水利用与景观系统、海淀区政府大院雨水利用工程、丰台区工会雨水利用工程等；经过近几年的研究实践，城市雨水利用已进入示范与实践阶段，已经为我国城市雨水利用技术的龙头。通过一批示范工程，有可能在较短时间内带动整个领域的发展，实现城市雨洪利用产业发展。

上海浦东国际机场航站已经建有完善的雨水收集系统，用来收集浦东国际机场航站楼屋面雨水。航站楼屋面各组成部分的水平投影综合面积达 $176150m^2$，该面积远大于伦敦世纪圆顶的 $100000m^2$ 的面积，在暴雨季节每小时收集雨量可达 $500m^3$。

深圳市规划到 2020 年本地水资源可供水量占总供水的比例由目前的 30％提高至 45％，其中雨洪资源占本地水资源可供水量的 50％，新增的雨洪资源可利用量达到 4.9 亿 m^3，相当于深圳市现有水库总库容。其计划利用山区、河道、城区、地下水等多个方面来利用本市的雨洪资源，减少对外水的依赖程度。另外深圳地处珠江入海口，其海湾水库项目正在筹备之中，建成之时将进一步推动深圳市雨洪资源利用的进程，为深圳提供更多清洁水源。

除了利用专门的雨水集流工程收集利用雨洪资源外，国内的很多城市也在积极实施雨污分流工程。通过雨污分离可以避免污水对雨水的污染，将雨水做简单的处理之后就可利用，不但增加了城市的可用水量，同时也减少了污水处理厂污水处理量，降低了处理成本。雨污分流之后雨水可以直接进入景观用水水体，减少人工对景观用水的维护，增加城市可利用水量。

我国部分地区，尤其是北方地区，已开展了洪水资源利用研究工作，目前一些科研项目也已经完成或正在进行当中，取得了较好的效益。胡彩虹（2006）在分析黄河中游洪水特性的基础上，采用 P-Ⅲ型曲线法对黄河中游发生洪水的风险进行了分析。邓德凤（2006）从资源水利和可持续发展水利的角度出发，提出了水库汛限水位实时动态控制和引洪回灌补源水库优化调度这两种提高雨洪资源利用率的方法，增加地下水补给量的非工程措施的理论与方法，以大连市碧流河水库为例进行研究。王银堂（2009）提出了流域层面的洪水资源利用模式，以海河流域为研究对象，辨析了流域洪水资源可利用量、可利用量、利用潜力等指标概念和内涵，建立了相应计算模型，定量评价了全流域及二级区的洪水资源利用现状和利用潜力。陈娜（2009）在对洪水资源化途径及主要措施进行分析的基础上，提出了水库洪水资源化调度的方式和主要技术，分析了水库洪水资源化产生的效益。李玲（2011）研究了潘家口、大黑汀、桃林口三水库的联合防洪优化调度问题。李雨等（2011）针对三峡和清江梯级水库群防洪补偿联合调度问题，建立梯级单独和水库群联合防洪优化调度两种数学模型。目前，我国海河流域、黄河流域等北方地区已开展了洪水资源利用方面的研究。

淮河干流洪水资源利用的主要途径是利用行蓄洪区洼地蓄水，其目的是增加沿淮的调节能力，减少蚌埠闸总弃水量，提高水资源的利用率。淮河洪水资源化对缓解沿淮淮北地区的水资源短缺状况有一定的作用，增加的调节库容多年平均利用率可以达到 50％～60％；黄河下游自 1986 年以来水沙过程变异与河道严重淤积的状况引起了很多的关注，解决这一问题的新途径就是从水资源可持续利用战略出发，实施洪水资源利用策略，大胆利用汛期淮河流域的洪水资源，并结合有关建设地理方面的优势，调引淮河流域洪水用于黄河下游冲淤。

总的来说，国内洪水资源利用主要有调整水库汛限水位分期利用洪水资源、修建水库湖泊拦蓄洪水资源、通过跨流域调度实现洪水资源利用、通过蓄滞洪区储存洪水资源以及种植水源涵养林拦蓄洪水资源等方式。

1. 调整水库汛限水位分期利用洪水资源

由于我国大部分地区属季风气候区，多数河流的洪水由暴雨所致，暴雨特性和量级大小在整个汛期内的不同时候有所不同。为提高水库综合利用效益，可以利用暴雨洪水的季节性变化特征确定汛期分期，利用水库分期汛限水位调控洪水资源，增加水库的蓄水量。位于乌江上游的东风水库，集水面积 $18161km^2$，正常蓄水位为 970.00m，对应库容为 10.3 亿 m^3，坝址多年平均流量为 $345m^3/s$。东风水库进行了汛期分期，将汛期划分成更小的时间段，例如，将整个汛期分为前汛期、前过渡期、主汛期、后过渡期、后汛期五个时段。最后对水库的分期汛限水位进行调整，得出各个分期的汛限水位。选用不同的汛限水位，应用东风水库的洪水调度原则对设计洪水过程及校核洪水过程进行调洪演算。最终使东风水库汛期汛限水位比原来提高了 2m。

2. 修建水库湖泊拦蓄洪水资源

我国目前有大、中、小型水库 8 万多座，有效避免了无数的洪水灾害，也实现了洪水的资源利用，为国家经济社会发展对水资源的需求提供了保证。经过多年的建设，适合建大型水库的地形已经很少，为了更好地发挥水库效益，对已建的水库更多使用的是挖掘自身的蓄水潜力，充分拦蓄洪水，在发挥水库自身蓄水潜力的过程中，既有抬高汛限水位的尝试，也有加强水库调度实现洪水资源调配的做法，也有地区开始考虑建设平原水库和海湾水库。

3. 跨流域调度洪水实现洪水资源利用

跨流域调水是利用现有河道或人工新建河道实现水资源的在不同区域间的重新分配。跨流域调水不但可以进行常规水资源的调配，同样可以用来调配洪水，实现洪水的资源化利用。

2001 年，淮河流域总体大旱，沂沭泗流域地区降雨使沂河、沭河出现洪峰。为充分利用沂沭泗洪水资源，缓解淮河流域的旱情，紧急利用了中运河和徐洪河，南调沂沭泗水系洪水补给淮河干流水量，使本应东流入海的洪水，成为淮河干流水系的水资源。持续 15 天的"引沂济淮"，使洪泽湖水位从调水时的 10.60m 上升到 11.59m，上涨近 1m，蓄水量由 1 亿 m³ 左右增加到近 10 亿 m³，成功实现了沂沭泗河洪水的有效利用。

高崖水库位于山东省潍坊市昌乐县。昌乐县从 1977 年开始规划建设了"昌乐县南水北调工程"引水干渠南起高崖水库，北至昌乐县城，全长 62km，将 36 座水库塘坝串联为一体，使汶河、白浪河、丹河三条水系连接成网，正常年份可调水 4700 万 m³，扩大灌溉面积 4000km²，且保证了昌乐县城城市用水的需求，每年汛期高崖水库在溢洪之前都将本县的大小水库灌满，最大限度地减少了汛期弃水，增加了可利用水资源。

4. 蓄滞洪区蓄存洪水资源

利用蓄滞洪区蓄存洪水资源，丰水期调用洪水资源来补充地下含水层腾空的库容，增加湿地、洼淀的蓄水。1996 年 8 月，海河大水使流域内部分地区受淹，但洪灾过后使平原区地下水位大范围上升，其中河北省平原地区地下水位平均埋深比汛前上升了 2.02m，而太行山前平原区上升了 15.08m，整个海河流域补充地下水约 82 亿 m³，比多年平均增加 1 倍。除河道、滞洪洼淀、当地降雨下渗外，洪水泛滥淹没是重要的地下水补充方式。洪水虽然造成了一定的泛滥损失，但次年小麦、水稻等农作物的增产幅度大大高于平均年份。

5. 种植水源涵养林从源头拦蓄雨洪资源

水源涵养林可以调节坡面径流和地下径流，增加河川枯水期径流量的作用。我国受亚洲太平洋季风影响，雨季和旱季降水量悬殊，因而河川径流有明显的丰水期和枯水期。在森林覆盖率较高的流域，丰水期径流量占 30%～50%，枯水期径流量也可占到 20% 左右。森林可增加河川枯水期径流量的主要原因是把大量降水渗透到土壤层或岩层中并形成地下径流。在一般情况下，坡面径流只要几十分钟即可进入河川，而地下径流则需要几天甚至更长的时间才会缓缓进入河川，因此水源涵养林可使河川径流量在年内分配均匀化，提高雨洪资源利用效率。

国内雨洪资源利用方式汇总见表 1.2。

表 1.2   国内雨洪资源利用方式汇总

雨洪资源	利用方式	备 注
城市雨水资源	充分利用城市雨洪资源	北京市社区雨水收集和储存设施，充分拦蓄屋顶、道路的雨水，实现城市雨洪资源利用
洪水资源	调整水库汛限水位	乌江上的东风水库，通过对汛期分期，将汛限水位抬高了 2m
	新建水库湖泊拦蓄洪水资源	在河流上建坝拦蓄河水形成水库，在合适的地区，通过对天然洼地开挖，形成水库的库区。利用海湾地形，建海湾水库
	跨流域调度洪水	潍坊市水系联网工程，实现市内两条河流水量的调度。沂沭泗水系调水补充淮河水系的缺水
	蓄滞洪区储存洪水资源	海河流域地下水开采严重，长期得不到回补，通过采取有控制的淹没一定区域的办法回灌地下水。"给水让地"的洪水利用法
	种植水源涵养林从源头拦蓄雨洪资源	

    国内在洪水资源利用风险研究领域的成果较多，有预报调度风险研究也有考虑水文、水力、工程结构多方面因素的综合风险分析研究。尤其是近 20 年来，有关水资源系统风险方面的研究成果不断问世，研究内容和方法逐步扩展，一些新理论、新技术被不断引入风险研究领域，研究方法已由定性转为定量。冯平等（1996）将风险决策理论和概率组合方法结合起来计算了水库在实际运行情况下的防洪风险能力，为抬高岗南水库汛限水位提供了理论依据。傅湘、纪昌明等（1998）应用系统分析方法，构建了大型水库汛限水位调整风险分析模型，提出了水库运行时防洪限制水位以上的库容应该作为一个风险决策问题，而不是绝对限制条件。田峰巍等（1998）结合黄河干流水库月调度规则实施中出现的预报误差问题，提出了水库泄洪的风险决策方法。黄强等（1999）认为水库调度风险是一种自然的、微观的和可测度的风险，并建议用定性与定量相结合的风险分析方法来解决水库调度风险问题。万俊等（2000）提出用洪峰预报退水过程代替产汇流预报，来推求预报预泄调洪计算成果。拦蓄退水段洪水时，考虑下游安全泄量，利用水文气象预报信息分阶段预泄以防止后继洪水来临前库水位较高造成的风险。此外，还对拦蓄退水段洪水的风险辨识、风险损失、风险率推求及蓄水位方案评价进行了系统研究。王本德等（2000）在论述水库预蓄效益与风险分析必要性的基础上，提出了一种风险率计算方法和一种以经济效益与风险率为目标的水库预蓄水位模糊优化控制模型，可供汛期分期抬高汛限水位或实时决策控制预蓄水位时使用。姜玉婷（2001）论证利用单站实测降雨量做短期洪水预报，进行非常规洪水预报调度的可行性及其替代误差所带来的调度风险。朱小凯等（2001）界定了极限风险控制指标，对水库在不同的调度运用情况下所能承受的极限风险进行研究。冯利华（2002）利用信息扩散理论，对洪水的模糊特性方面

的风险分析进行了积极的探索，方法简单易行。梅亚东和谈广鸣（2002）在考虑水文、水力不确定性因素及调洪起始水位、不同调度规则等对大坝防洪安全的影响的基础上，采用蒙特卡罗法计算大坝防洪安全综合风险率，得出了水文因素是影响水库防洪风险的主要因素。肖义、郭生练、周芬等（2003）构建了满足可接受风险水平约束下的大坝防洪安全标准的风险决策模型，建议我国将其作为防洪标准规范的补充和重要参考。殷峻逞（2003）定义了风险度概念，并在汛期分期后运用其对汛限水位动态控制方案进行风险评价[28]。王栋等（2006）指出洪水风险估计方法已从直接积分法、蒙特卡罗法、均值一次两阶法、二次矩法发展到改进一次两阶矩法和JC法等。同时建议明确并统一风险分析的内涵，并将嫡理论引入到风险分析之中拓展风险分析的基本理论和研究方法，如应用模糊信息优化处理技术、灰色系统等。郑德凤等（2007）对碧流河水库进行动态控制汛限水位调整进行了风险分析，在大坝安全风险率计算中采用了汛限水位与洪水发生频率相对应的方法，在风险损失计算中综合考虑了洪灾致灾力强度、承灾体密度以及承灾体脆弱性等因素，并采用淹没水深、淹没流速、退水时间等指标来对水灾进行衡量。周建中等（2009）提出了一种水库防洪优化调度风险决策模型，通过多目标防洪优化调度获取可行调度方案集，结合洪水预报误差进行风险分析，计算调度方案风险率。纪昌明等（2013）针对传统风险决策评价方法的不足，基于支持向量机的思想，将含有随机变量的风险型多目标决策问题转化为基于综合风险值最小的方案优选问题。程亮等（2014）采用基于秩相关随机变量模拟方法，将抽样产生的洪峰洪量序列转换为满足相关要求的洪量序列，采用模特卡洛法计算水库防洪风险，并构建了水库防洪风险估计模型。王忠静等（2015）在水库汛限水位调整中，提出在不同汛限水位情况下对不同频率设计洪水进行调洪演算，并综合考虑水库的经济与生态供水两个目标进行长系列用水调度模拟和供水效益分析，综合确定风险适度性的方法。

1.4　主要研究内容及技术路线

1.4.1　主要研究内容

本书在广泛阅读和分析国内外相关领域研究资料和研究动态的基础上，围绕连云港市雨洪资源利用进行具体的、系统的研究。首先分析连云港市水资源配置及供水格局，研究连云港市雨洪资源利用的潜力及模式，从而确定连云港市雨洪资源利用方案并进行可利用量估算，在此基础上对连云港市雨洪资源利用效益进行分析，最后对连云港市洪水资源利用进行安全利用风险研究并绘制洪水风险图。本书主要研究内容包括以下几个方面：

（1）阐述本书的研究背景及意义，分析和梳理洪水资源利用的国内外研究动态，确定主要研究内容及技术路线。

（2）连云港市水资源配置及供水格局分析，在连云港市供用水现状分析的基础上，根据不同水平年不同频率下需水预测和供水预测成果，研究连云港市水资源配置方案，进行水资源供需平衡分析，在此基础上，对连云港市区和各片区的供水格局进行分析，并对连云港市雨洪资源需求的时空分布进行分析。

（3）连云港市雨洪资源利用的潜力及模式研究，在分析连云港市雨洪资源利用原则、提出雨洪资源利用潜力的定义的基础上，分析估算连云港市雨洪资源利用潜力，研究连云港市雨洪资源利用模式——城市雨水资源利用模式、现有水库河网洪水资源利用模式、新建水库湖泊洪水资源利用模式。

（4）连云港市雨洪资源利用方案确定与可利用量估算，在连云港市雨洪资源模式分析及潜力估算的基础上，研究提出连云港市雨洪资源利用方案，从城市雨水和过境洪水两方面进行连云港市雨洪资源利用研究，估算洪水资源可利用量。根据各分区内生活、工业、农业和生态环境用水量、用水优先次序和缺水程度等因素，将连云港市多年平均雨洪资源可利用总量进一步按照生活、农业、工业和生态环境用水进行分配。

（5）连云港市雨洪资源利用效益分析，利用Ｃ－Ｄ生产函数法、能值分析法、生态环境用水效益分摊系数法、水价法分别计算工业用水效益、农业用水效益、生态环境用水效益生活用水效益，并计算和分析雨洪资源利用多年平均效益。

（6）连云港市雨洪资源安全利用风险分析，以风险分析理论为基础，从水量、水质和生态环境三个方面对雨洪资源利用风险因素进行识别和等级划分，对水库大坝和下游堤防的防洪风险、不利生态环境影响风险和雨洪资源利用水质风险进行风险估计，建立二维多目标风险决策模型，计算不同汛限水位方案的风险效益值，确定最佳蓄水水位；以石梁河水库为例进行了水库洪水资源安全利用风险分析；提出了连云港市雨洪资源利用风险规避措施。

（7）连云港市洪水资源利用风险图绘制，在最佳均衡汛限水位确定的基础上，引入洪水风险图对下游防洪保护区的影响进行可视化，构建一维、二维耦合水文水力学模型的基础上，利用ＧＩＳ绘制洪水风险图。

1.4.2　研究技术路线

本书涉及工程水文学、生态学、经济学、系统工程理论、计算机编程等多学科领域，拟采取以下研究方法和手段：

（1）广泛阅读和分析国内外相关领域研究资料和研究动态，围绕连云港市雨洪资源利用进行具体的、系统的研究，分析连云港市水资源配置及供水格局，研究连云港市雨洪资源利用的潜力及模式。

（2）确定连云港市雨洪资源利用方案并进行可利用量估算，在此基础上从工业、农业、生态环境和生活用水四个方面对连云港市雨洪资源利用效益进行分析。

（3）以风险分析理论为基础，建立二维多目标风险决策模型，对连云港市洪水资源利用进行安全利用风险研究并绘制洪水风险图。研究技术路线如图1.1所示。

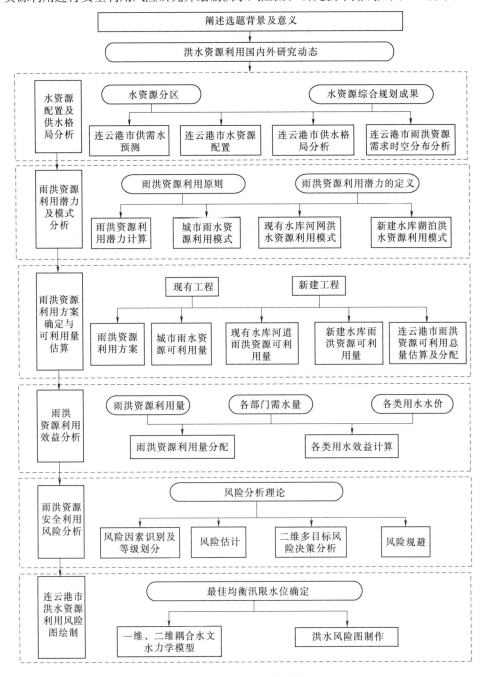

图 1.1　研究技术路线图

第 2 章 连云港市水资源配置
及供水格局分析

本章在连云港市供用水现状分析的基础上，根据不同水平年不同频率下需水预测和供水预测成果研究连云港市水资源配置方案，进行水资源供需平衡分析，在此基础上，对连云港市区和各片区的供水格局进行分析，并对连云港市雨洪资源需求的时空分布进行分析。

2.1 连云港市供用水现状分析

现状水资源供需分析，是对基准年 2009 年工况下的供用水状况进行分析计算❶，指出现状水资源配置中存在的问题，并提出连云港市未来水资源配置思路。

2.1.1 连云港市供水现状分析

2.1.1.1 供水工程分类

供水工程主要分为地表水供水工程和地下水供水工程，其中地表水供水工程包括蓄水工程、引水工程、提水工程和调水工程。蓄水工程供水量为本地径流及动用水库、湖泊、河网蓄水作为供水用的水量；引水工程、提水工程和调水工程供水量为本市外进入市境内作为供水用的水量。

地下水供水工程指利用地下水的水井工程，包括浅层水井和深层井（含井深大于 60m 的基岩裂隙水井和深层承压水井）工程两类，其中浅层水井主要为农田灌溉，深层井主要为生活和工业供水。

2.1.1.2 现状年供水量

2009 年全市实际总供水量 29.13 亿 m³，其中地表水供水量 28.95 亿 m³，占总供水量的 99.4%；地下水供水量 0.18 亿 m³，占总供水量的 0.6%。

全市供水量最大的地区是东海县，2009 年实际供水量 8.56 亿 m³，占全市的 29.4%，总供水量最小为市区 4.03 亿 m³，占全市的 13.8%。

2.1.2 连云港市用水现状分析

2009 年，全市总用水量 29.13 亿 m³，绝大部分取用地表水，少量取用地下水。

---

❶ 2014 年连云港市区划调整，赣榆县撤县改区，2014 年前相关成果数据，市区均不包含赣榆区。

2.1.2.1　用水量情况

2009 年，全市取用水主要用于农田灌溉、工业、城镇生活、农村生活和林牧渔业。

农田灌溉用水 21.24 亿 m³，占全市总用水量的 72.9%；工业用水 4.50 亿 m³，占总用水量的 15.4%；城镇生活用水（包括公共设施用水、生态用水和流动人口用水）1.51 亿 m³，占总用水量的 5.2%；农村生活用水（包括牲畜用水）1.02 亿 m³，占总用水量的 3.5%。2009 年连云港市各行政分区用水量统计见表 2.1。

表 2.1　　　　　　　　　　**2009 年连云港市各行政分区用水量统计表**　　　　　单位：亿 m³

行政区	农田灌溉		农村生活		林牧渔业	工业		城镇生活	总用水量	
	小计	地下水	小计	地下水	合计	小计	地下水	小计	小计	地下水
市区	0.79	0.00	0.07	0.00	0.30	2.23	0.01	0.65	4.04	0.01
赣榆区	3.46	0.01	0.23	0.01	0.13	0.66	0.03	0.24	4.72	0.05
东海县	7.31	0.02	0.26	0.02	0.19	0.62	0.01	0.23	8.61	0.05
灌云县	5.38	0.00	0.24	0.01	0.16	0.47	0.01	0.23	6.48	0.02
灌南县	4.30	0.00	0.22	0.02	0.08	0.52	0.03	0.16	5.28	0.05
全市	21.24	0.03	1.02	0.06	0.86	4.50	0.09	1.51	29.13	0.18

2.1.2.2　用水消耗量

连云港市属淮河流域的沂沭泗河及滨海诸小河水系，以农业为主，农业生产用水量所占比重较大，2009 年全市总耗水量为 18.82 亿 m³，占总用水量的 64.6%。农田灌溉耗水量较大，为 15.74 亿 m³，占总耗水量 83.6%，主要消耗为渠系损失、农田蒸发、渗漏及深层入渗；工业、城镇生活所消耗的水量较少。

2.1.2.3　引水量情况

2009 年，经桑墟电站、退水闸、地涵等共引水 6.10 亿 m³，经涟水与灌南交界处的殷渡断面引水 7.39 亿 m³，经南偏泓等处引水约 10.90 亿 m³。

2009 年，供水断面实测的入市境水量 24.39 亿 m³，能够作为连云港市可利用的供水水量为 23.44 亿 m³。

2.2　连云港市供需水预测

2.2.1　需水预测

2.2.1.1　连云港市社会经济发展指标分析预测

　　1.人口增长预测

近期、中期社会经济发展指标，以《连云港统计年鉴——2010》和《连云港市城市总体规划》为基本依据进行预测，具体社会经济发展指标预测见表 2.2。

表 2.2　　　　　　　　　连云港市社会经济发展指标预测表

指　标	2009 年	2020 年	2030 年
人口/万人	490.64	517.68	544.16
人口增长率/‰	4.89	5.0	5.0
城市化率/%	43.5	68	75

　　人口增长包括两个方面：一是自然增长，即人类繁衍引起的人口数量增长，根据连云港市历年人口增长情况，取近期、中期人口自然增长率为 5.0‰；二是社会增长，即人口迁移造成的人口增长，根据连云港市近几年人口流动情况，近似地认为迁入与迁出人口持平，根据连云港市经济发展现状，预测连云港市近期、中期城镇化率分别为 68%、75%。以 2009 年人口为基准，对连云港市 2020年、2030 年总人口及城镇、农村人口进行预测，预测结果见表 2.3。

表 2.3　　　　　　　　连云港市人口发展现状及预测表　　　　　　单位：万人

年份	分类	行 政 分 区					总人口
		市区	赣榆区	东海县	灌云县	灌南县	
2009	城镇	38.58	48.20	49.22	44.16	33.26	213.42
	农村	50.11	62.60	63.94	57.36	43.21	277.22
	合计	88.69	110.80	113.16	101.52	76.47	490.64
2020	城镇	63.63	79.50	81.18	72.83	54.86	352.03
	农村	29.95	37.41	38.20	34.27	25.82	165.65
	合计	93.58	116.91	119.38	107.10	80.68	517.68
2030	城镇	73.76	92.15	94.09	84.42	63.59	408.12
	农村	24.59	30.72	31.37	28.14	21.20	136.04
	合计	98.35	122.87	125.46	112.56	84.79	544.16

2. 农业发展预测

　　(1) 农作物种植面积预测。根据国家出台的一系列扶持农业政策，连云港市"十一五"三次产业调整的战略目标，以及《江苏省土地利用和社会经济发展预测》专题成果和连云港市农业局预测成果，结合连云港市近 20 年来农业及耕地的发展变化趋势，连云港市作物种植面积预测见表 2.4。

　　(2) 林牧渔牲畜预测。根据《连云港市土地利用总体规划》，考虑森林覆盖率等相关指标，预测连云港市各规划水平年生产面积。分别对大牲畜、小牲畜及家禽的数量进行预测。不同规划年的牲畜数量是随着人们对肉类食品需求及市场

表 2.4　　　　　　　　　连云港市作物种植面积预测　　　　　　　　单位：万亩

行政区	水平年	作物种植面积						菜地面积
		总播种面积	水稻	小麦	玉米	棉花	油料	
市区	2009	83.98	31.23	33.55	2.64	0.57	0.09	10.08
	2020	76.18	30.31	32.55	2.61	0.55	0.08	10.08
	2030	74.37	29.60	31.50	2.56	0.55	0.08	10.08
赣榆区	2009	154.08	46.01	56.47	9.46	0.81	22.42	18.90
	2020	152.09	45.55	55.86	9.10	0.80	21.88	18.90
	2030	150.87	45.02	55.50	9.00	0.79	21.66	18.90
东海县	2009	280.56	103.75	105.07	16.83	0.06	14.52	40.29
	2020	273.83	100.55	103.00	15.50	0.05	14.44	40.29
	2030	271.12	100.40	101.00	15.10	0.05	14.28	40.29
灌云县	2009	205.84	84.55	80.01	17.50	2.94	0.28	19.94
	2020	202.79	83.66	79.00	17.00	2.92	0.27	19.94
	2030	200.69	82.58	78.00	17.00	2.90	0.27	19.94
灌南县	2009	147.37	56.13	65.67	6.57	0.08	0.07	16.38
	2020	142.74	55.12	65.00	6.09	0.08	0.07	16.38
	2030	141.25	54.08	64.55	6.09	0.08	0.07	16.38
全市	2009	870.84	327.51	340.78	52.75	4.46	37.39	105.58
	2020	850.87	321.12	333.55	51.30	4.36	36.96	105.58
	2030	836.41	315.56	328.00	50.85	4.22	36.89	105.58

注　1亩＝666.6m²，全书下同。

情况而波动的，根据《连云港市"十一五"农林产业发展规划》中的发展目标，预测可得各规划水平年林牧渔牲畜数量，具体见表2.5。

表 2.5　　　　　　　连云港市各规划水平年林牧渔牲畜预测表

年份	行政区	林地面积/万亩	牲　畜				水产养殖面积/万亩
			大牲畜/万头	羊饲养量/万头	生猪饲养量/万头	家禽饲养量/万只	
2009	市区	28.65	0.02	0.31	6.57	85.92	29.18
	赣榆区	38.55	0.80	3.18	32.64	365.15	45.73
	东海县	65.02	1.58	3.32	35.56	242.79	13.71
	灌云县	32.45	1.15	4.09	35.67	381.97	9.12
	灌南县	37.79	0.09	0.42	32.85	156.80	4.50

续表

年份	行政区	林地面积/万亩	牲　畜				水产养殖面积/万亩
			大牲畜/万头	羊饲养量/万头	生猪饲养量/万头	家禽饲养量/万只	
2020	市区	29.65	0.02	0.31	6.57	85.92	30.18
	赣榆区	39.55	0.80	3.18	32.64	365.15	46.73
	东海县	66.02	1.58	3.32	35.56	242.79	14.71
	灌云县	33.45	1.15	4.09	35.67	381.97	10.12
	灌南县	38.79	0.09	0.42	32.85	156.80	5.50
2030	市区	30.65	0.02	0.31	6.57	85.92	31.18
	赣榆区	4055	0.80	3.18	32.64	365.15	47.73
	东海县	67.02	1.58	3.32	35.56	242.79	15.71
	灌云县	34.45	1.15	4.09	35.67	381.97	11.12
	灌南县	39.79	0.09	0.42	32.85	156.80	6.50

3. 工业发展预测

根据《连云港市城市总体规划（2008—2030）》，连云港市近期 GDP 年均增长 16% 左右，中期 GDP 年均增长 10% 左右，至 2020 年全市 GDP 总量和人均 GDP 分别达到 2800 亿元和 51200 元左右；远期 GDP 年均增长 7% 左右，至 2030 年全市 GDP 总量和人均 GDP 力争分别达到 5500 亿元和 87700 元左右，达到当时中等发达国家和地区的收入水平。经济结构实现战略性调整，第三产业增加值占 GDP 的比重每年上升 1 个百分点。至 2030 年，三次产业结构调整为 3：56：41。根据最新规划及经济发展指标，参考《江苏省沿海地区水利规划报告》江苏省水资源服务中心的工业取水定额，连云港市各规划年工业需水定额及工业增加值见表 2.6。

表 2.6　　　　　连云港市各规划年工业需水定额及工业增加值

类　别		2009 年	2020 年	2030 年
一般工业	需水定额/(m³/万元)	128	50	28
	工业增加值/亿元	281.29	1300	2964
火(核)工业	需水定额/(m³/kW)	15	15	15
	装机容量/万 kW	350.0	1314.3	1720.5

2.2.1.2　连云港市生活、生产、生态环境需水预测

1. 生活需水预

根据《室外给水设计规范》（GB 50013—2014），参照连云港市现状生活用水及全国其他城市生活用水定额，可得连云港市各规划水平年生活需水量汇总情况，见表2.7。

表2.7　　　　　　　连云港市各规划水平年需水量汇总表　　　　　单位：万 m³

需 水 类 别		2009 年	2020 年	2030 年
工业	一般工业	3.60	6.50	8.30
	火（核）电	0.53	1.97	2.58
农业	50%	17.93	16.02	14.57
	75%	25.31	22.22	20.10
	95%	31.89	29.24	26.57
林牧渔畜		1.95	2.27	2.36
生活		2.03	4.06	5.46
生态环境		0.70	1.41	1.50
全市合计	50%	26.74	32.23	34.76
	75%	34.12	38.43	40.30
	95%	40.70	45.45	46.76

2. 生产需水预测

生产需水包括农业灌溉需水、林牧渔牲畜需水、工业需水。

（1）农业灌溉需水预测。农业灌溉需水量根据农业发展预测中的水稻、小麦、油菜、玉米等预测面积，采用定额法进行预测，各规划水平年农业灌溉需水量见表2.7。

（2）林牧渔牲畜需水预测。根据农业发展预测中生产林地预测面积，林地毛灌溉定额基本方案按100m³/亩计，调水方案下按80m³/亩计，得各规划水平年连云港市生产林地需水量。牲畜需水量采用定额法推算，分大、小牲畜和家禽分别预测，各规划水平年林木渔牲畜需水量见表2.7。

（3）工业需水预测。根据连云港市各规划水平年需水定额及工业增加值，可得工业需水量见表2.7。

3. 生态环境需水预测

生态环境需水量是指为了维持生态和进行生态建设所需要的最小需水量。包括河道外用水、河道内用水。

（1）河道外生态需水。河道外生态需水包括城镇生态环境需水量、沼泽湿地生态补水量，其中城镇生态环境需水量又包括绿化需水、河湖环境需水、道路浇洒需水。

（2）河道内生态需水。河道内生态需水主要指河道生态需水。根据《连云港市徐圩片区水资源供给规划报告》有关成果，河道生态需水预测情况见表2.7。

2.2.1.3　连云港市总需水量预测及成果分析

根据上述需水预测基本数据方法，可得不同保证率下各规划水平年的需水量，见表2.7。

2.2.2　供水预测

2.2.2.1　本地可供水量预测

可供水资源包括以蓄水工程为主的本地地表水、以境外引水工程为主的入境地表水、本地地下水、再生水和海水。

蓄水工程供水量为本地径流通过水库、塘坝和河网蓄水提供的水量。全市现有大、中、小型水库146座，设计总库容12.56亿 m³，兴利库容6.15亿 m³，设计灌溉面积178万亩。全市146座水库中，其中大型水库3座，总库容为9.37亿 m³，占水库蓄水总库容的74.6%，兴利库容4.31亿 m³，占水库总兴利库容的70.1%；中型水库8座，总库容1.76亿 m³，占水库蓄水总库容的14.0%，兴利库容0.98亿 m³，占总兴利库容的15.9%。在各种类型的水库中，小型水库数量最多、分布最广，总数有135座，占水库总数的92.5%，但库容均较小，总库容合计仅1.43亿 m³，占水库总库容的11.4%，其中兴利库容0.86亿 m³，占总兴利库容的14.0%。

根据《连云港市徐圩新区水资源供给规划报告》有关成果，本地可供水量预测成果见表2.8。

表2.8　　　　　　　　　　　**本地可供水量预测成果表**　　　　　　　单位：亿 m³

可供水资源	保证率/%	2009 年	2020 年	2030 年
本地蓄水	95	4.53	4.87	5.05
	75	5.18	5.52	5.60
	50	6.07	6.14	6.23
地下水	95	0.20	0.20	0.10
	75	0.10	0.10	0.00
	50	0.00	0.00	0.00
再生水	—	0.00	0.75	0.79
海水	—	0.00	0.32	0.41
全市合计	95	4.73	6.13	6.35
	75	5.28	6.68	6.80
	50	6.07	7.20	7.43

2.2.2.2　调引江淮水量预测

根据连云港市苏北供水监测资料，连云港市2001—2008年多年平均供水量40.93亿 m³。其中由吴场水利枢纽进入连云港市的多年平均水量为7.49亿 m³，基本为调引江淮水量。由新沂河南偏泓闸、南偏泓电站进入灌云、灌南的多年平均水量为 24.58 亿 m³，弃水量很大。由盐河涟水与灌南交界处的殷渡断面进入灌南的多年平均水量为 8.85 亿 m³，弃水量较大。据分析，在现状调水能力下，扣除弃水，平水年调入连云港市的量约为 25.2 亿 m³，一般干旱年调入连云港市的量约为 28.3 亿 m³，特殊干旱年调入连云港市的量约为 28.8 亿 m³，根据《江苏省沿海地区水利规划报告》，南水北调一期、二期分段规划规模见表 2.9。

表 2.9　　　　　　　南水北调一期、二期分段规划规模表　　　　　　单位：m³/s

区段	现状	2015 年		2030 年	
		规划	新增	规划	新增
抽江段	400 (200)	500	100 (300)	600	200 (400)
入洪泽湖	220	450	250	550	350
出洪泽湖	200	350	150	450	250
入骆马湖	150	275	125	350	200
出骆马湖	50	250	200	350	300
入下级湖	20	200	200	270	270

根据南水北调一期、二期分段规划规模，洪泽湖区间 2015 年增供水量为 100m³/s，近期计划对连云港市增供 10m³/s，中期增供 20m³/s，远期增供 30m³/s。

为加快发展苏北、建设海上苏东，20 世纪 80 年代江苏省委省政府提出建设通榆河工程。1993 年开工，到 2000 年完成了东台—响水段河道 176km，形成了南接泰东河、北通灌河的骨干供水和航运通道，发挥了显著的供水和航运效益。2010 年 12 月，通榆河北延送水工程的建成为连云港市开辟了第二水源，工程可新增向连云港市送水能力 50m³/s。

预测调引江淮水量见表 2.10。

表 2.10　　　　　　　　调引江淮水量预测表　　　　　　　　单位：亿 m³

保证率/%	2009 年	2020 年	2030 年
95	28.80	33.80	35.30
75	27.50	32.50	34.00
50	21.20	26.40	28.20

2.3　连云港市水资源配置

2.3.1　连云港市水资源配置基本思想

连云港市水资源优化配置的基本思想是将防洪和供水放在首位，充分考虑发挥现有水利工程综合调控功能，实现水资源良性循环，针对不同用户分质供水，保障重点行业、特殊行业用水要求；协调好地区间、行业间的用水矛盾；重点考虑枯水年水资源供需关系；尽量先使用当地水资源，然后充分利用区间外来水；充分发挥水库的调节作用，联合调度，提高兴利库容，尽可能蓄水补缺；开辟水资源利用新途径等。

2.3.2　连云港市水资源配置方案

根据国家新的治水思路，按照水资源"多次平衡"配置的思想，在多次反馈并协调平衡的基础上，一般按照需求量的大小，采用 2～3 次水资源供需分析进行。一次供需分析是在基准年现状供需分析的基础上，考虑人口的自然增长、经济的发展、城市化程度和人民生活的提高，按保持现有引水工程规模的零方案，在现状水资源开发利用格局和发挥现有供水工程潜力情况下，进行水资源供需分析。若一次供需分析有缺口，则在此基础上进行二次供需分析，即考虑进一步强化节水、治污和污水处理再用、挖潜等工程措施以及调整产业结构、抑制需求的不合理增长和改善生态环境等措施进行水资源供需分析。若二次供需分析仍有较大缺口，应进一步加大调整产业布局和结构的力度，开发供水潜力，进行三次水资源供需分析。

根据连云港市实际情况，现状仅靠蔷薇河一条线路调引江淮水，且存在输水能力低保证率差等缺陷，为此拟定以下配置方案，进行水资源供需分析。

基于保持现有引水工程规模，结合考虑通榆河北延送水工程、产业结构调整、节水和治污等措施，进行水资源供需平衡分析。它确定现状开发利用模式下结合产业结构调整、节水和治污、挖潜等措施下的水资源供需缺口，为确定开辟新的蓄水、引水工程提供依据。

根据水资源配置基本思想，在现状供水能力下进一步开发现有供水工程潜力以及适当提高企业自备提水及地下水开采量后，考虑各规划水平年不断增长的需求以及通榆河北延供水工程，计算出连云港市各规划水平年水资源的供需平衡结果，见表 2.11。

表 2.11　　连云港市各规划水平年水资源的供需平衡表

类　别	保证率/%	2009 年	2020 年	2030 年
需水量/亿 m³	95	40.70	45.45	46.76
	75	34.12	38.43	40.30
	50	26.74	32.23	34.76
本地供水量/亿 m³	95	4.73	6.13	6.35
	75	5.28	6.68	6.80
	50	6.07	7.20	7.43

续表

类　别	保证率/%	2009 年	2020 年	2030 年
调入水量/亿 m³	95	28.80	33.80	35.30
	75%	27.50	32.50	34.00
	50%	21.20	26.40	28.20
余缺水量/亿 m³	95	−7.17	−5.52	−5.12
	75	−1.34	0.76	0.50
	50	0.53	1.37	0.86

　　根据供需平衡分析，在充分利用本地水资源，考虑节约用水，积极调引江淮水，并适当增加江淮水供给量的情况下，基准年 2009 年，保证率为 50% 时，不缺水，保证率为 75% 时，缺水 1.34 亿 m³，保证率为 95% 时，缺水 7.17 亿 m³；规划年 2020 年，保证率为 50% 和 75% 时，不缺水，保证率为 95% 时，缺水 5.52 亿 m³；规划年 2030 年，保证率为 50% 和 75% 时，不缺水，保证率为 95% 时，缺水 5.12 亿 m³。

　　由水资源供需平衡分析可见，在发挥连云港市现状水资源工程的潜力下，无法满足高保证率的水资源需求，因此，新建水源工程、水系分期改造和整治等措施成为必然。

　　1. 新建水源工程

　　连云港市有条件规划新建蓄水工程为：蔷薇湖、三洋港平原水库、东温庄水库、大兴平原水库、大新平原水库、圩子口河道型水库、新沭河梯级水库、青口河梯级水库、龙王河梯级水库。

　　2. 拓浚整治淮沭新河、蔷薇河调水线，提高调水能力

　　自蔷薇河建成以来，已有 50 余年未进行疏浚整治，两岸堤防标准不高，河道淤积严重，引蓄能力降低，供水不畅。应对淮沭新河和蔷薇河进行综合整治，并进行大泵站改造，提高调水能力，扩大引江淮水量。

　　3. 提高河库蓄水能力，满足供水和生态、环境的综合需求

　　恢复石梁河水库设计兴利水位 26.00m，增加蓄水量 1.08 亿 m³。并对安峰山水库、房山水库备用水源工程进行除险加固，提高其兴利库荣、增加可供水量。此外梳理和改造现有河道，进行有效沟通，提高河网水系的调蓄能力。

　　4. 分质供水，实现优水优用

　　现阶段，为合理利用水资源和缓解工业用自来水的紧缺压力，同时降低工业用水成本，对工业相对集中的区域，生活用水和工业用水按不同的水质要求分别供应，集中规划建设工业用水厂，实现分质供水，提高集约化、规模经营效益。对目前在建的连云港大浦工业区、临港工业区、赣榆柘汪化工园区、灌云燕尾港

工业园区、灌南堆沟化工园区，配套兴建园区工业专用水厂，提高本地水资源利用效率及园区用水保证率。

中长期应考虑对自来水深度处理，提高饮用水质量，供给直接饮用水，并对部分生活小区生活用水中的上水系统进行系统改造。达到水资源优质优用合理配置的目的。

5. 合理开发浅层地下水，实现资源的有效利用

浅层地下水也是可再生资源，应在科学规划的前提下，有序地开发利用。全市浅层地下水资源开发率低，开发利用空间大。

6. 河道轮浚清淤，清理河道底质污染

继续开展市县乡村三级河道的轮浚清淤工作，县级河道轮浚周期为 9～15 年、乡级河道为 8～9 年、村组河道为 3～5 年，清理河道底质，减少底质污染，提高供水质量。

7. 科学进行河闸工程调度，促进水体流动，并提高工程的引水能力

按照现有工程布局，重新规划，联合调度，促进水体流动，并提高工程的引水能力。

8. 发展海水淡化工程，拓宽水资源利用渠道

连云港市东临黄海，海水资源丰富，随着淡水价格的不断提高，海水淡化必将具有经济可行性并成为连云港市淡水来源之一，发展潜力很大。应因势利导开展海水淡化基地评估论证，鼓励沿海企业利用海水淡化再生水资源，拓宽水资源优化配置新渠道。

在以上措施中，新建水源工程，包括新建蔷薇湖、三洋港平原水库、东温庄水库、大兴平原水库、大新平原水库、埒子口河道型水库、新沭河梯级水库、青口河梯级水库、龙王河梯级水库，拓浚整治淮沭新河、蔷薇河调水线，提高调水能力，提高河库蓄水能力，河道轮浚清淤都与洪水资源利用密切相关。因此，连云港市实施雨洪资源利用战略，对于缓解城市水资源短缺，提高供水保证率，实现水资源可持续利用具有重要意义。

2.4　连云港市供水格局分析

连云港市为典型的资源性缺水地区，虽然有石梁河、小塔山、安峰山等大、中、小型水库及河道调蓄，但由于资源量有限，无法满足供水要求，江淮水是其用水的主要途径。

2.4.1　市区供水格局分析

目前，连云港市区生活、生产用水的水源地为蔷薇河，蔷薇河是江淮水向连云港市区送水的主要通道。考虑已建成的通榆河北延工程为连云港市第二水源，

工程定位为应急备用水源，主要为相机供水，可新增日供水量 40 万 m³/d，到 2020 年可新增日供水量为 150m³/d。规划 2020 年前新建蔷薇湖等蓄水工程。

2.4.2　各县供水格局分析

目前，各片区主要以县城工业与生活用水进行，农业用水配置原则，平水年主要依靠当地河网、水库调蓄、境外引水补充，中等干旱年、特殊干旱年则主要靠境外引水解决。平原河网环境用水主要依靠河网调蓄加境外调水补充。

1. 赣榆区

城区生活用水取用自来水，水源地为小塔山水库。农村生活用水部分取用地下水、部分取用青口河、朱稽副河等河道水。县城工农业、生态用水取用自来水、青口河水，工农业及生态用水取用小塔山水库、河道水，一部分农业用水取自石梁河水库，一般干旱年份主要通过乌龙河调度闸引蔷薇河水（江淮水）至赣榆区青口河进行补给。

2. 东海县

县城生产、生活用水取用自来水、水源地为沭新渠、西双湖水库，农村生活用水部分取用地下水、部分取用石安河、鲁南河、蔷薇河等水源。其他工农业用水，西部丘陵区取用龙梁河和地下水，东部取用淮沭新河、蔷薇河、鲁南河、乌龙河、民主河等河道水。一般干旱年份通过淮沭新河、蔷薇河、蔷北地涵、沭新河引入江淮水，并可通过房山翻水站、芝麻翻水站、翻水进入石安河补给安峰山水库、通过石梁河翻水站翻石安河水补给石梁河水库，西部丘陵区通过磨山翻水站翻水补给龙梁河。

3. 灌云县

现状县城生活用水取用自来水，水源地主要为叮当河，农村生活用水部分取用地下水、部分取用叮当河、古泊善后河、车轴河水等水源。工业用水县城主要取用自来水、地下水，其他工农业、生态用水取用盐河、一帆河、东门五图河、牛墩界圩河、车轴河、古泊善后河水，一般干旱年份引用古泊善后河上游回归水。同时经新沂河南偏泓调用江淮水。

4. 灌南县

现状水平年以前，县城及农村生活用水取用地下水。工农业、生态用水取用盐河、南北六塘河、柴米河、新沂河南偏泓等水源，一般干旱年份也引用上述几条河上游的回归水。同时经盐河、新沂河南偏泓调用江淮水。

2.5　连云港市雨洪资源需求时空分布

2.5.1　全市整体雨洪资源需求时空分布分析

综合农业需水量、工业需水量、生活需水量等预测结果（表 2.12），连云港市 75％保证率时，2009 年、2020 年、2030 年需水总量分别为 34.12 亿 m³、38.43 亿 m³、40.30 亿 m³，阶段间年均增长分别为 0.26％、3.15％、1.70％。

表 2.12   连云港市总需水量增长情况   单位：％

行 政 区	2009—2020 年			2020—2030 年		
	P＝50％	P＝75％	P＝95％	P＝50％	P＝75％	P＝95％
市区	6.68	6.39	5.97	1.52	1.45	1.37
赣榆区	5.07	4.17	3.43	2.23	1.93	1.64
东海县	2.38	1.76	1.31	0.74	0.47	0.25
灌云县	3.14	2.34	1.65	1.64	1.27	0.91
灌南县	3.77	2.93	2.22	1.67	1.34	1.03
全市	4.03	3.24	2.56	1.50	1.22	0.96

分析不同水平年需水预测结果说明，经济快速发展，人民生活条件改善，工业及生活需水量增长较快，2020 年比 2009 年年均增长了 9.69％，2030 年比 2020 年年均增长了 1.97％；其中工业需水量 2020 年、2030 年分别为增长 11.55％、2.89％；在工业需水量中火电需水量增长较快，在 75％的保证率下，2020 年、2030 年火电需水量占全市总需水量的比重由 2009 年的 6.3％分别上升到 4.5％、3.8％；与此同时，随着用水水平的不断提高，农田灌溉水利用效率逐步上升，农田灌溉需水总量呈现稳中下降的趋势，中等偏旱年份，2020 年、2030 年农田灌溉需水占总需水的比重逐年下降，由基准 2009 年的 65.5％分别下降至 43.2％和 34.7％。

表 2.12 所示的连云港市总需水量年递增率表明，市区、灌云县、灌南县、赣榆区明显维持一个较高的增长率，这主要是增加了电厂数量与规模，特别是东部沿海地区 1000km² 的大开发，东部沿海地区工业、生活、生态需水量急增所致；而东海县由于农业结构调整、农田灌溉水利用效率的提高，农田灌溉需水量持续减少，总需水量增长速度明显低于市区、灌云县、灌南县、赣榆区。随着东部沿海地区开发力度的不断加大，工业的快速发展，连云港市 2009—2020 年需水总量增长幅度明显，2020—2030 年需水总量增长幅度减缓。近 20 年的实际用水情况表明，连云港市需水量总体上呈递增趋势，特别是 1990 年初期增长幅度加大、加快，1995 年后增速减缓，并逐步维持小幅增长。随着乡镇企业、东部沿海开发区大发展、大开发的现状，按照连云港市东部沿海地区开发规划，2009 年、2020 年、2030 年开发建设用地面积分别为 12956.22hm²、59361.4hm²、66225hm²，连云港市需水量仍将呈现一个较高的增长水平。

连云港市本地水资源不足，但过境洪水资源丰富。连云港市过境洪水主要来源于上游的沂沭泗水系，经彭道口闸分沂入沭，经新沂河、新沭河入海，过境洪水资源十分丰富，多年平均过境洪水 60.48 亿 m³。据连云港市汛情旱情年报，骆马湖经嶂山闸排往新沂河，年径流量约 45.13 亿 m³；大官庄新闸总出库水量 8.523 亿 m³。连云港市夏季多、冬季少，汛期（6—9 月）雨量占全年降水量 70%以上，各水资源分区多年平均过境水量见表 2.13。

表 2.13　　　　　　　　各水资源分区多年平均过境水量　　　　　　　　单位：亿 m³

水资源分区	沂南区	沂北区	赣榆区	全市
多年平均过境水量	25.4	33.72	1.36	60.48

从表 2.13 可知，除了赣榆区以外，过境洪水资源量远高于连云港市各规划水平年需水量，十分充沛。由于缺乏成熟的理论与技术，连云港市过境洪水资源常年不可利用，因此，充分挖潜过境洪水资源，将其用于日益增长的生产生活用水，是连云港市实现沿海开发战略，促进社会经济持续健康发展的保障。

2.5.2　各缺水片区雨洪资源需求时空分布分析

结合《连云港市城市总体规划（2008—2030）》中"一体两翼，一心三极"的发展理念，连云港市未来 20 年内将重点发展临港工业、现代化服务业以及高新技术产业，建设可持续发展的国际化滨海大都市区。这将给本市水资源供给带来更大的压力，因此，必须考虑这些重点片区的对水资源的需求，同时需兼顾东海县偏远山区的缺水问题。

2.5.2.1　东海片区

东海县是连云港市缺水最为严重、水资源供需矛盾最为突出的县，水库较多，但降雨量较少，在非汛期，大多数水库蓄水量较少，甚至处于干涸状态。该区域生活、农业用水主要靠石梁河与安锋山水库以及连接于两大水库的石安河与龙梁河两大河流供水，而靠东海县与山东省的边境区域因地势较高、降雨较少、河道不发达、蓄水设施较少等原因各项缺水十分严重。

因此，东海片区主要缺水类型为生活、农业缺水，而且缺水状况十分严重。

2.5.2.2　中心城区及滨海新城片区

该片区由海滨新区和连云城区两大组团以及中心城区构成，是全市的行政、文化、商贸及流通中心。主要承担市级行政办公、商业贸易、商务流通、文化娱乐、旅游接待等综合服务职能，是高标准建设的现代化特色滨海城区。

随着经济的发展，人口的增加，未来滨海新城对生活用水需求必将大大增加，目前市区生活用水水源地——蔷薇河以及通榆河可能无法满足日益发展的滨海新城的生活用水，因此必须开辟新的后备水源地，保障新城生活用水。

2.5.2.3　南翼沿海发展片区

该片区主要依托徐圩港区和灌河港区，承接区域产业转移，大力发展钢铁、石化、能源、机械、物流等临港产业，适度超前建设与临港产业配套的货运码头、铁路、高速公路、快速路等疏港工程，打造成为江苏省乃至国际级临港产业基地。

徐圩新区供水区域多年平均面降水量为 906.5mm，最大年降水量为1451.5mm（2005 年），最小降水量为 576.2mm（1978 年）。最大年降水量是最小年降水量的 2.52 倍，说明降水量的年际变化较大。

降水量的年内分配也极不均匀，汛期（6—9 月）4 个月降水量占全年降水量的 68.4％，非汛期 8 个月降水量仅为全年的 31.6％，所以枯水期地表水资源量很少。整个流域内面上降雨量同期分布基本均匀，相差很小。

根据《江苏省地表水（环境）功能区划》，善后河、烧香河流域为农业用水区，该区属市域内部的三级区划，在区划体系中隶属于开发利用区。相关水域水功能区划分情况见表 2.14。

表 2.14　　　　　　　　　　　相关水域水功能区划分一览表

水功能区名称	范围		功能排序	现状水质	水质目标(GB 3838—2002)		纳污容量/(t/a)(2010 年)	
	起始—终止位置	长度/km			2010 年	2020 年	COD	氨氮
古泊善后河灌云县饮用水源区	市边境—五里村	25.0	饮用水源，渔业用水，农业用水	Ⅲ	Ⅲ	Ⅱ	768	79
古泊善后河灌云农业用水区	五里村—善后河闸	14.5	饮用水源，渔业用水，农业用水	Ⅲ	Ⅲ	Ⅲ	716	36
烧香河农业用水区	盐河—烧香河南闸	45.2	农业用水	Ⅴ	Ⅲ	Ⅲ	764	38

善后河、烧香河流域主要污染来自沿线城镇生活及农业面源。烧香河现状水质较差，主要超标项目为化学需氧量、高锰酸盐指数、五日生化需氧量，有机耗氧污染严重。古泊善后河上游水质较好，中游善后河桥断面主要超标项目为总磷。从水质现状及区域规划上看，必须加强水功能区的管理及合理的区划调整方可满足区域发展的取水要求。

因此，该片区主要需水类型为工业需水，其相关水域需水类型为生活需水、农业需水。

2.5.2.4　北翼沿海发展片区

该片区主要依托赣榆港区，以柘汪和海头为支点大力发展钢铁、造船、机电等重型工业及海洋产业，并以赣榆区城为支点拓展商贸等城市综合服务功能。形成功能齐全、环境优美、具有较高水准的复合型城市组团。

由于地处供水末梢，供水紧张，而未来该片区大力发展钢铁、造船等重型工业，因此对水资源需求巨大，现状供水水平无法满足将来的需求，必须开辟新的供水水源地以满足日益增长的沿海工业发展需求。

第 3 章　连云港市雨洪资源利用潜力及模式分析

本章在分析连云港市雨洪资源利用原则、提出雨洪资源利用潜力的定义的基础上，分析估算连云港市雨洪资源利用潜力，研究连云港市雨洪资源利用模式——城市雨水资源利用模式、现有水库河网洪水资源利用模式、新建水库湖泊洪水资源利用模式。

3.1　雨洪资源利用原则

雨洪资源利用的指导思想是：始终要把防洪安全放在第一位，按照统一规划、分步实施的原则，注重生态环境的可持续发展，以效益最大、风险最小为目标，工程措施与非工程措施并举，技术手段与行政、经济手段并重，确保将雨洪变成资源，发挥其在社会经济发展中应有的作用。雨洪资源利用应该遵循的基本原则如下：

1. 保障防洪安全的原则

雨洪资源利用是以保障防洪安全为前提条件的，没有安全的保障，雨洪资源利用就失去了意义。要坚持依法防洪，建立健全流域和市各防汛指挥机构与办事机构。同时，要建立流域管理与地方管理有机结合的防洪执法体系，协调全市有关防洪的重大问题。

2. 遵循雨洪资源统一规划利用的原则

雨洪水作为一种自然资源和环境因素，是以流域或区域为单元构成的一个统一体。因此必须将雨洪水利用问题纳入流域或区域的人口、资源、环境和社会的大系统中去，对城市雨水、过境洪水资源利用与流域或区域的水资源统一规划、统一利用，提高水资源的利用效率。

3. 统筹兼顾效益与风险的原则

雨洪资源从地域上涉及自上游各部门至下游入海口的广大范围，从工程上涉及水利工程、水库枢纽工程、沿线梯级闸坝工程和蓄滞洪区工程。有限的水量在农村、城市，山区、平原，水库、河道、洼淀之间的分配，要遵循生态效益最大化原则。如沿线梯级拦河闸坝的建设及河网联合调度，应优先满足城市河段景观建设的需要；在蓄滞洪区的利用上，要综合考虑各蓄滞洪区所在地区的人口密度、经济发展、地下水位、生态效益（如离城市的距离）以及在防洪体系中的作用地位等综合因素，常年蓄水区应尽量选在城市的郊区；山区的水土保持工程开发力度要兼顾下游平原及城市的环境要求。

与此同时，在考虑效益最大时，须兼顾洪水资源利用风险最小原则。洪水资源利用的风险因素及其产生的影响有很多，往往随着效益的增大，其利用风险也逐渐增大。一味地追求效益最大化是不现实的，当效益增大到一定程度的时候，其带来的风险损失或许已经远远超出了效益值。同样单纯地追求风险最小也是不可取的，风险小的项目效益也往往比较小。因此在追求效益、减小风险的时候，要运用科学的方法，找出效益和风险之间的最佳的结合点，在能承受的风险范围内追求效益的最大化，在保证一定效益的前提下最大限度地减少其风险。

3.2　连云港市雨洪资源利用潜力分析

雨洪资源利用的潜力可定义为：在不考虑风险以及经济条件的情况下，通过各种措施能够利用的最大雨洪资源量。

在估算城市雨洪资源利用潜力时，以来水量扣除区域最小生态环境需水量的估算方法估算连云港市雨洪资源利用潜力。

3.2.1　连云港市本地雨水及过境洪水资源总量

连云港市多年平均降水量为 67.1 亿 m^3，多年平均径流量为 19.1 亿 m^3，连云港市尚无一定规模的雨水收集工程，因此，本地雨水利用有一定潜力。可以尝试建设市区雨水收集示范工程，如果效果较好可普及全市。

连云港市过境洪水主要来源于上游的沂、沭、泗诸水系，经彭道口闸分沂入沭，经新沂河、新沭河入海。随着江苏省分淮入沂整治工程的实施，新沂河还可以相机承担淮河分流的过境洪水。连云港市多年平均降水量 895.9mm（1963—2009 年系列），夏季多、冬季少，汛期（6—9 月）雨量占全年降雨量 70% 以上。全市多年平均过境水量见表 2.14。

连云港市过境供水资源量高达 60.48 亿 m^3，根据全市供需平衡分析结果，在特殊干旱年（$P = 95\%$），2020 年、2030 年全市缺水量分别为 5.52 亿 m^3、5.12 亿 m^3。若能挖潜利用一部分洪水，则能较好解决连云港市缺水的问题，提高用水保障率，实现水资源可持续利用。连云港市水库、河道众多，河网发达，水库与河道间水力联系紧密，而且水闸较多，通过合理的优化调度，可将一部分过境洪水分蓄到各水库、河道中，延缓洪水在陆地停留时间。

3.2.2　城市雨水资源利用潜力估算

城市雨水资源利用潜力是指在不考虑风险以及经济条件的情况下最大雨水资源可利用量，主要包括城市地区由降雨资源形成的地表径流量和地下径流量之和。不考虑地理要素对水文过程的作用机理，可用经验公式法估算连云港市雨水资源利用潜力。

3.2.2.1　经验公式法

城市雨水利用潜力包括地表径流量和地下径流量两部分。地表径流量的估算主要采取地表径流系数法，而地下径流量则主要是通过计算绿地入渗量求得。

1. 地表径流量估算

根据下式计算各月径流深和径流量：

$$W_s = \alpha P F \tag{3.1}$$

式中：W_s 为地表径流量，m^3；P 为降雨量，mm；F 为研究区域内汇水总面积，m^2；α 为径流系数，对城市地区一般取综合径流系数。

参考《给水排水设计手册》，径流系数的取值参见表 3.1。

表 3.1　　　　　　　　　　　径 流 系 数 α 值 表

地面种类	α 值	地面种类	α 值
各种屋面、混凝土和沥青路面	0.90	干砌砖石和碎石路面	0.40
沥青表面处理的碎石路面	0.60	非铺砌土地面	0.30
级配碎石路面	0.45	公园或草地	0.15

2. 地下径流量估算

地下径流量则是通过计算绿地入渗量求得。可简化按照下式计算：

$$W_g = \alpha P F \tag{3.2}$$

式中：W_g 为绿地下渗量，m^3；α 为绿地入渗系数；P 为降雨量，mm；F 为绿地面积，m^2。

3. 雨水资源利用潜力估算

雨水资源利用潜力 W 即为由降雨资源形成的地表径流量和地下径流量之和：

$$W = W_s + W_g \tag{3.3}$$

3.2.2.2　城市雨水资源利用潜力计算成果分析

连云港多年平均降水量为 895.93mm（1963—2009 年系列），市区汇水面积为 562.04km^2，市区绿化覆盖率取 37.5%，城市绿地面积为 210.76km^2。经验公式法中取综合径流系数为 0.41，绿地入渗系数为 0.85，连云港城市各月雨水资源利用潜力见表 3.2。

由表 3.2 可得：连云港市雨水资源利用潜力为 3.67 亿 m^3。考虑到目前连云港市城市雨水资源利用工程非常少，城市雨水资源可利用量小，且无法精确计算，因此忽略不计已经利用的雨水资源量。

表 3.2 经验公式法计算连云港城市雨水资源利用潜力

月份	降水量 /mm	地表径流量 /万 m³	地下径流量 /万 m³	城市雨水资源利用潜力 /万 m³
1	15.83	364.825	283.63	324.225
2	21.51	495.78	385.44	440.61
3	30.95	713.275	554.525	633.9
4	49.59	1142.67	888.355	1015.51
5	62.09	1430.765	1112.33	2543.095
6	106.84	2461.99	1914.05	4376.04
7	259.11	5970.9	4642.01	10612.915
8	189.53	4367.36	3395.355	7762.715
9	81.76	1883.99	1464.685	3348.675
10	37.26	858.695	667.58	1526.275
11	27.73	639.095	496.855	1135.95
12	13.72	316.09	245.74	561.83
合计	895.93	20645.435	16050.565	36696

3.2.3 过境洪水资源利用潜力估算

根据潜力的定义，过境洪水资源利用潜力计算公式如下：

$$W_A = W_I - W_E \tag{3.4}$$

式中：W_A 为过境洪水资源利用潜力；W_I 为过境水量；W_E 为河道或入海的最小生态需水量，一般可按河道或入海最小生态需水量的估算方法来计算。

3.2.3.1 河道内生态环境需水计算方法

目前国外计算河流生态需水量的方法较多，应用较多的主要有：河道内流量增加法（IFIM 法）、适配曲线法、蒙大拿法（Montana Method）、径流时段曲线分析法、Tennant 方法、湿周法、河道内流量值法、7Q10 法等计算方法。较新的研究成果有 BBM 方法（the building block methodology）等。国内对河流生态需水计算研究刚刚起步，一般采用的方法有 10 年最枯月平均流量法等。

1. **典型河道生态水位研究**

湿周是指过流断面上流体与固体壁面相接触的周界长度，用 P_w 表示，单位为 m。湿周法基于以下假定：即保护好临界区域的水生生物栖息地的湿周，也将对非临界区域的栖息地提供足够的保护。利用湿周作为栖息地质量指标来估算河道内流量值，通过在临界的栖息地区域（通常是浅滩）现场搜集的河道几何尺寸、流量等数据，并以临界栖息地类型作为河流其余部分的栖息地指标。河道湿周随着河流流量（水位）的增大而增加，如图 3.1 所示，水面达到边滩、浅滩或沙洲等"边缘生境"的时候，水位微小变化，河流流量将大幅度增加。这种状态，在水位流量关系曲线上是以"突变点"来体现的，在"突变点"以下，每减少一个单位的流量，水面宽的损失将显著增加，河床特征将严重损失。因此，将"突变

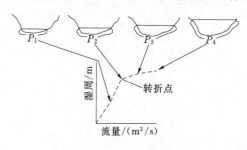

图 3.1　某断面流量-湿周关系曲线

点"处对应的流量作为最小生态流量，所对应的水位为最小生态水位。但是从生物学的角度来看，这个水深不能够维持鱼类的生存，因此，参考国外相关的研究成果，即根据鱼的生物学需要和河流的季节性变化分季节所制定的相应标准（表 3.3）和自然状况下（非人工控制的水位）最枯月平均水深，三者取其大值确定生态水位。

表 3.3   生态需水位的经验值

河宽/m	平均水深/m	湿周率/%	平均流速/(m/s)
0.3048~6.096	0.06096	50	0.3048
6.097~12.192	0.06097~0.12192	50	0.3048
12.193~18.288	0.12193~0.18288	50~60	0.3048
18.289~30.48	0.18289~0.3048	≥70	0.3048

2. 维持河道一定功能的需水量

维持河道一定功能的需水包括生态基流、输沙需水量和水生生物需水量等，可采用 Tennant 法或分项计算。

（1）Tennant 法。Tennant 法是美国的 Donald Leroy Tennant 对大西洋与 Rocky 山之间 Mason - Dixon 一带上百条河流，经过 17 年的研究总结出来的。根据 Tennant 计算方法，每条河流流量百分比的生境和生物关系如下：

1）河道内径流为 50% 保证率，河道年平均流量的 60%，是为大多数水生生物在主要生长期提供优良至极好的栖息条件所推荐的基本径流量。在这种流量条件下，河宽、水深及流速将为水生生物提供优良的生长环境，大部分河道，包括许多急流浅滩区将被淹没，通常可输水的边槽也出现水流，大部分河岸滩地将成为鱼类所能游及的地带，也将成为野生动物安全的穴居区，大部分旋涡、急流和浅滩将适中地没于水中，提供鱼类优良的繁殖和生长环境。岸边植物将有充裕的

水量，在任何浅滩区，鱼类的回游将不成问题。无脊椎动物种类繁多，数量丰富。预计在任何河段中，水温将不再是约束鱼类活动的条件。河流及天然景色极好。

2）河道内径流为50%保证率，河道年平均流量的30%，是保持大多数水生动物有良好的栖息条件所推荐的基本径流量。在这种流量条件下，河宽、水深及流速一般令人满意。除极宽浅滩外，大部分河道将没于水中，大部分边槽将有水流。许多河岸将成为鱼类的活动区，也可成为野生动物穴居的场所。河流的许多聚流和大部分旋涡区的深度将足以作为鱼类的活动场所。大鱼可通过急流浅滩区和河段的大部分区域，水温预计不会成为鱼类活动的约束条件。无脊椎动物将有所减少，但预计不会成为捕鱼量减少的控制因素。河流及天然景色基本令人满意。

3）河道内径流为50%保证率，河道年平均流量的10%，是保持人多数水生生物短时间生存所推荐的最低瞬时径流量。在这种流量条件下，河宽、水深和流速将显著减少，水生生态环境恶化，河道或正常湿周近一半露出水面；宽浅滩露出部分将会更多。边槽将大部分或全部干涸，卵石、沙坝也基本干涸无水。作为鱼类及皮毛动物的岸边穴居场所将显著消失。许多正常的湿润区水深将变浅，以至鱼类不能在此活动而一般只能集中于最深的水坑中，岸边植物将会缺水，大鱼遇到浅滩处将有困难回游到上游。水温常常是一个约束因素，尤其是在7月、8月的下游河段，无脊椎动物将大大减少。天然河流景色将被严重破坏。

（2）分项计算方法。

1）生态基流。生态基流指为维持河床基本形态、防止河道断流、保持水体天然自净能力和避免河流水体生物群落遭到无法恢复的破坏而保留在河道中的最小水（流）量。

方法一：10年最小月平均流量法

计算式为

$$W_{Eb} = 365 \times 24 \times 3600 \times \frac{1}{10} \sum_{i=1}^{10} Q_{mi} \tag{3.5}$$

式中：W_{Eb} 为河道生态基流，m^3；Q_{mi} 为最近10年中第 i 年最小月平均流量，m^3/s。

方法二：典型年最小月流量法

指选择满足河道一定功能、未断流，又未出现较大生态环境问题的某一年作为典型年，将典型年最小月平均流量或月径流量，作为满足年生态环境需水的平均流量或月平均径流量。典型年最小月流量法计算公式为

$$W_{eb} = 365 \times 24 \times 3600 \times Q_{sm} \tag{3.6}$$

式中：Q_{sm} 为典型年最小月平均流量，m^3/s。

方法三：Q95 法

Q95 指将 95% 频率下的最小月平均径流量作为河道内生态基流。

2）输沙需水量。河道输沙需水量指保持河道水流泥沙冲淤平衡所需水量，主要与河道上游来水来沙条件、泥沙颗粒组成、河流类型及河道形态等有关。对多沙河流而言，河道泥沙输送主要集中在汛期，汛期水流含沙量高，通常处于饱和输沙状态，因此可根据汛期输送单位泥沙所需的水量来计算输沙需水量。汛期输送单位泥沙所需的水量可近似用汛期多年平均含沙量的倒数来代替。输沙需水量可用下式计算：

$$W_s = S_l \frac{1}{S_{cw}} \tag{3.7}$$

式中：W_s 为年输沙需水量，m^3；S_l 为多年平均输沙量，kg；S_{cw} 为多年平均汛期含沙量，kg/m^3。

基岩河床的河流或河床比降较大的山区河流，一般情况下水流处于非饱和输沙状态，可用多年最大月平均含沙量代表水流对泥沙的输送能力，输沙需水量计算式为

$$W_s = S_l \frac{1}{S_{cmax}} \tag{3.8}$$

式中：S_l 为多年平均输沙量，kg；S_{cmax} 为多年最大月平均含沙量，kg/m^3。

有资料的河段，可根据模型计算水流挟沙力，由水流挟沙力和输沙量计算河道输沙需水量，计算模型可参见河流泥沙有关论著。

3）水生生物需水量。水生生物需水量指维持河道内水生生物群落的稳定性和保护生物多样性所需要的水量。为保证河流系统水生生物及其栖息地处于良好状态，河道内需要保持一定的水量；对有国家级保护生物的河段，应充分保证其生长栖息地良好的水生态环境。水生生物需水量可按下式计算：

$$W_C = \sum_{i=1}^{12} \max(W_{Cij}) \tag{3.9}$$

式中：W_C 为水生生物年需水量，m^3；W_{Cij} 为第 i 月第 j 种生物需水量，m^3。

W_{Cij} 根据具体生物物种生活（生长）习性确定。资料缺乏地区，可按多年平均流量的百分比估算河道内水生生物的需水量，一般河流少水期可取多年平均径流量的 10%～20%，多水期可取多年平均径流量的 20%～30%，有国家级保护生物的河流（河段）可适当提高百分比。

4）河道内生态基流、输沙需水量和水生生物保护需水量分月取最大值（外包），得到维持河道一定功能的年需水量。

3.2.3.2 河道内生态环境需水量

1. 连云港市典型河流生态水位

以连云港市石梁河水库泄洪闸闸下新沭河为例，介绍河流生态需水位计算过程，其他河道类同。缺乏大断面资料，河道采用年平均最低水位作为生态水位。

根据石梁河水库泄洪闸下实测大断面资料，其断面形态如图3.2所示，水位-湿周关系标准曲线如图3.3所示。

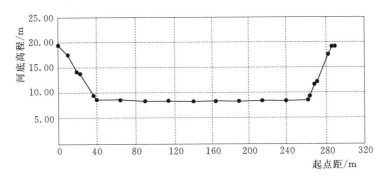

图 3.2　石梁河水库泄洪闸下实测大断面图

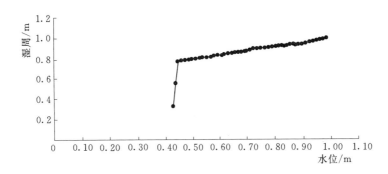

图 3.3　石梁河水库水位-湿周关系标准曲线图

由图3.3可得，标准化后的水位-湿周关系曲线中有明显拐点，该点所对应的水位为8.77m；对应的湿周为223.18m，占最大湿周的77.3%，大于湿周率的标准。石梁河水库闸下的平均水深为0.30 m，等于生态水深。综上所述，确定石梁河水库泄洪闸下蒋庄闸上的生态需水水位为8.77m。

同理采用上述方法求得连云港市其他典型河流生态水位见表3.4。

2. 连云港市区域生态需水量

根据Tennant法的生境和生物关系，要维持河流大部分水生生物基本、良好的生存条件，所需的最小生态环境需水量，可定为河流控制断面50%保证率的年平均流量的30%，此为河流满足水生生物生存的设计流量标准。

表 3.4　　　　　　　连云港市典型河流生态环境需水水位成果表

水资源分区				典型河流及生态环境需水水位		
一级	二级	三级	四级	河流	控制站	生态环境需水水位/m
淮河区	沂沭泗河区	沂沭河区	沂南区	新沂河	大陆湖	2.10
				盐河	盐河南闸	1.10
			沂北区	善后河	善后河闸	1.10
				新沭河	石梁河水库下蒋庄闸上	8.77
				新沭河	墩尚	8.55
				新沭河	太平庄闸	2.53
				蔷薇河	临洪闸	1.24
				东盐河	大板跳闸	1.11
				大浦河	大浦闸	1.11
				烧香河	烧香河闸	1.11
				排淡河	大板跳闸	1.11
				妇联河	烧香河闸	1.11
				西盐河	新浦闸	1.83
		日赣区	赣榆区	朱稽河	朱稽河闸	1.20
				范河	范河闸	1.20
				青口河	青口河闸	1.50

在这种流量条件下，河宽、水深及流速一般令人满意。除极宽浅滩外，大部分河道将没于水中，大部分边槽将有水流。许多河岸将成为鱼类的活动区，也可成为野生动物穴居的场所。河流的许多聚流和大部分旋涡区的深度将足以作为鱼类的活动场所。大鱼可通过急流浅滩区和河段的大部分区域，水温预计不会成为鱼类活动的约束条件。无脊椎动物将有所减少，但预计不会成为捕鱼量减少的控制因素。河流及天然景色基本令人满意。根据《连云港市水资源调查评价》《江苏省生态环境需水量研究》最新径流量研究成果，计算连云港市水资源总生态需水量见表 3.5。

表 3.5　　　　　　连云港市河道内总生态环境需水量预测成果

水资源分区	计算面积/km²	统计年限	年数	年平均流量		50%保证率天然年平均流量		生态需水量	
				10⁴m³/a	m³/s	10⁴m³/a	m³/s	10⁴m³/a	m³/s
赣榆区	1408	1956—2000	45	52897	16.8	46968	15.2	14090	4.6
沂北区	5099	1956—2000	45	464598	147.0	414421	139.6	124326	41.9
沂南区	1027	1956—2000	45	278597	88.3	247497	84.7	74249	25.4

根据式（3.4），计算可得各水资源分区过境洪水资源利用潜力，见表3.6。

表 3.6　　　　　　　　　连云港市过境洪水资源利用潜力　　　　　　单位：亿 m³

水资源分区	沂南区	沂北区	赣榆区	全　市
多年平均过境水量	25.4	33.72	1.36	60.48
生态需水量	7.43	12.44	1.41	21.28
过境洪水资源利用潜力	17.97	21.28	0	39.25

3.2.4　连云港市雨洪资源利用潜力估算及成果分析

通过对连云港市本地雨水及过境洪水资源的利用研究，综合得到连云港市雨洪资源利用潜力，见表3.7。

表 3.7　　　　　　　　　　连云港市雨洪资源利用潜力　　　　　　　单位：亿 m³

雨洪资源总量			雨洪资源利用潜力		
雨水资源量	过境洪水资源量	总计	城市雨水资源利用	过境洪水资源利用	总计
19.2	60.48	79.68	3.67	39.25	42.92

由表3.7可知，连云港市雨洪资源利用潜力为42.92亿 m³。其中，城市雨水资源利用潜力较小，过境洪水资源利用潜力非常大，因此，应以过境洪水资源利用的研究为重点，进一步精确计算雨洪资源可利用量，针对不同时空需求分布下的雨洪资源提出具体解决方案，为连云港市水资源可持续利用提供保障。

3.3　连云港市雨洪资源利用模式

连云港市雨洪资源利用分为城市雨水资源利用和过境洪水资源利用。城市雨水资源利用就是对于降雨过程中不同下垫面产生的雨水径流，利用国内外一些先进技术措施分别收集、储留、利用或补充地下水，达到增加水资源的目的。过境洪水资源利用就是利用现有水库、河网以及新建水库通过提高汛限水位、优化调度等方式充分利用洪水资源。

3.3.1　城市雨水资源利用

"雨水是资源，综合利用在前，排放在后"。连云港城市雨水利用是多途径和多层次的。针对其分布广和时间上的不连续性，可因地制宜采用不同方式加以开发。由于雨水分散，强度相对河流的水量规模很小，因此，就地利用雨水的规模不大。相对于开发集中分布的河流与地下水的大、中、小型水利工程来说，属于微水利工程。投资小、周期短、技术简单、群众性强是其主要特点。总的来说，连云港城市雨水利用具有以下特点。

（1）雨水一般具有相当大的笼罩面积，不同于河流的现状分布和地下水富集出露的局部分布。在雨季，各地降雨此起彼伏，分布广泛。一般年景，各处均可收集雨水。雨水适合于在面上分散聚落的使用，如远离河流和缺乏地下水的地区。

（2）雨水时间分配不均匀，大多集中在夏季。因此，一般是雨期收集，就地储存，以备雨后使用。

（3）雨水来水强度小，降雨率微弱，可视为弱水。但由于降雨笼罩面积大，可通过扩大集雨面积、减少渗透，提高集雨的水流强度。

（4）雨水是再生速度最快的水资源，雨水利用是可持续的。

（5）雨水除直接集流利用外，还可以追踪雨水转化过程，进行间接利用，提高利用效率。

雨水就地利用途径包括屋顶集雨系统、下沉式绿地、就地利用积蓄设施等。

3.3.1.1　屋顶集雨系统

屋顶集雨系统可收集水质较好的雨水，一般稍加处理或不经处理即可直接用于冲洗厕所、洗衣、灌溉绿地或构造水景观。屋顶集雨水质受多因素影响，主要是屋面沉积物和屋面防水材料的析出物以及大气污染的影响。另外，除雨水本身的酸度外，还受燃料排放产生的易与水反应产生酸根粒子的气体如二氧化碳、二氧化硫等以及粉尘烟尘等影响以及屋顶材料和结构有关。经研究测定，屋面初期径流的化学需氧量可高达 3000mg/L 左右，悬浮物也可高达上千 mg/L。在降雨初期的短时间内，雨水径流污染性程度较高，因此在安装屋顶集雨系统时需要设置分流并弃置初期雨水径流的装置。但其污染指标随着降雨延续而迅速降低，后期径流水质一般都比较良好。

屋顶集雨利用系统可分为单体建筑物的分散式系统和建筑群或小区的集中系统。由雨水汇集区、输水管系、截污弃流装置、储存（地下水池或水箱）、净化系统（如过滤、消毒等）和配水系统等几部分组成。有时设有渗透设施，与储水池溢流管相连，当集雨量较多或降雨频繁时，部分雨水溢流渗透。居民小区屋顶集雨利用系统示意图如图 3.4 所示。

除上述屋顶集雨利用系统外，可结合实际设计绿色屋顶雨水利用系统（图 3.5），该系统是一种削减城市暴雨径流量、控制非点源污染、减轻城市热岛效应、调节建筑物温度和美化

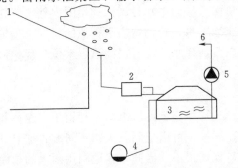

图 3.4　居民小区屋顶集雨利用系统示意图
1—屋顶；2—截污弃流装置；3—雨水储存及净化池；
4—弃流管道；5—泵站；6—雨水利用出水管

城市环境的新技术，可作为雨水积蓄利用的预处理措施，该系统可用于平屋顶和坡屋顶。

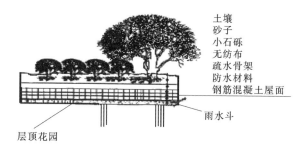

图 3.5 绿色屋顶雨水利用系统示意图

绿色屋顶的关键是植物和上层土壤的选择，植物应根据当地气候和自然条件来确定，还应与土壤类型、厚度相适应。上层土壤应选择孔隙率高、密度小、耐冲刷、可供植物生长的洁净天然或人工材料。研究表明，绿色屋顶雨水利用系统可使屋顶径流系数减少到 0.3，有效削减雨水径流量，并改善城市环境。

3.3.1.2 下沉式绿地

城市绿地可以作为一种雨水利用的工程设施，用来储留和入渗汛期雨水。在城市绿地规划设计过程中，可控制调整路面高程、绿地高程和雨水口高程，就可以形成下沉式绿地，即路面高程高于绿地高程，雨水口设在绿地内，雨水口高程高于绿地高程而低于路面高程。研究表明，城市下沉式绿地具有蓄渗雨水、削减洪峰流量、过滤水质、美化环境、防止水土流失等优点。图 3.6 为下沉式绿地计算模型示意图。

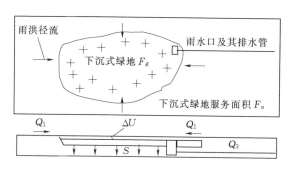

图 3.6 下沉式绿地计算模型示意图

当下沉式绿地中的径流量大于同时间的土壤渗透量时，必然在下沉式绿地形成蓄水，当雨水量超过下沉式绿地蓄水量和同时间的土壤渗透量之和时，雨水就会形成径流。如果土壤渗透能力好，基础、地下建筑物和地下水条件允许，应尽可能让雨水蓄渗在下沉式绿地中，增加入渗量，使外排水率减少。

3.3.1.3　雨水渗透设施

雨水渗透是雨水就地利用的方法之一，它能促进雨水、地表水、土壤水及地下水"四水"之间转化，维持城市水循环系统平衡，同时，可以减少地表雨洪径流，防止地面沉降。雨洪渗透设施有多种类型，一般应结合不同场所规划设计，在规划建设的新城区可采用上述下沉式绿地作为渗透设施。除此，还结合实际采取渗透路（地）面、渗透沟、井等作为渗透装置。

1. 渗透路（地）面

渗透路（地）面主要分为两类：一类为渗透性多孔沥青混凝土路面或渗透性多孔混凝土地面；另一类是使用镂空地砖（俗称草皮砖）铺砌的路面，可用于停车场、交通较少的道路及人行道，特别适合于居民小区，还可在空隙中种植草类。

2. 渗透沟管、渗透桩、池（井）

渗透管一般采用穿孔 PVC 管，或用透水材料制成。汇集的雨水通过透水性管渠进入四周的碎石层，再进一步向四周土壤渗透，碎石层具有一定的储水、调节作用。相对渗透池而言，渗透管沟占地较少，便于在城区及生活小区设置。当土壤渗透性良好时，可直接在地面上布渗透浅沟，即覆盖植被的渗透明渠。

渗透桩一般用于该地区上层土壤渗透性不好，而下层土壤渗透性较好的情况，该设施是在地面上开挖比较深的坑，然后用渗透性较好的土壤将其填充，从而使雨水由此渗入地下。

土质渗透性能较好时可采用渗透池，设计时可结合当地的土地规划状况，考虑建在地面或地下。当有一定可利用的土地面积，而且土壤渗透性能良好时，可采用地面渗透池。当土地紧张时，可采用地下渗透井，建筑结构和地上渗透设施相似。

在就地利用系统中，渗透设施的入渗量主要由其渗透性来确定的，选定了渗透设施后可参照表 3.8 计算入渗量。

表 3.8　　　　　　　　　　不同渗透设施下渗量计算表

设施的形式	入渗流量计算公式	设施的形式	入渗流量计算公式
渗透管 f	$W = f\beta PS$ 式中：f 为土壤入渗率；β 为渗透管空隙率；S 为渗透管内表面积；P 为次降雨量	渗透沟	$W = fPS$ 式中：f 为沟底土壤入渗率；S 为渗透沟表面积；P 为次降雨量

设施的形式	入渗流量计算公式	设施的形式	入渗流量计算公式
渗透桩 f_1 土1 f_3 土3 f_2 土2	$W = f_3(f_1 S_1 + f_2 S_2) P$ 式中：f_1、f_2、f_3 为土1、土2、土3 的入渗率；S_1、S_2 为土3 与土1、土3 和土2 的接触面积	透水铺装 k f	$W = k f P S$ 式中：k 为透水铺装渗透系数；f 为下层土壤入渗率；S 为透水铺装的总面积；P 为次降雨量
渗透箱 f	$W = f \beta W(h) S(h)$ 式中：f 为土壤入渗率；β 为渗透箱的孔隙率；$S(h)$ 为箱体内侧表面积；$W(h)$ 为箱内蓄水量	渗透池 f	$W = f W S$ 式中：f 为土壤的入渗率；S 为渗透池与土壤的接触面积；W 为池内蓄水量

3.3.1.4 就地利用蓄积设施

在城市规划建设中，可以结合实际建立一些就地利用蓄积设施。既可以避免雨洪汇流过程中污染，蓄积作为城市居民小区绿化、街道、广场冲洗用水。

就地利用设施的设置，必须以下面几点为依据：

（1）将其建在取水比较容易的地段，并配有取水设备，以方便利用。

（2）尽量与雨水储留设施比较接近，并配以取水或引水设施。

（3）尽量建在地面以下，以防止人为污染。

（4）必须配有沉沙池、过滤池等雨水处理设施，以降低流入雨水的污染程度。

（5）配以出水设施或与排水管网相连，以便蓄满出流。

（6）合理确定就地蓄积设施的尺寸和规模，避免规模过大引起投资浪费。

特别在一些大的广场、花坛可以采用透水材料和建立就地利用调蓄池相结合的方式规划设计，暴雨径流一方面渗透地下，另一方面可通过设计坡面汇流将雨洪排入地下就地利用蓄积池，既可以减少地面滞水给行人带来便利，又不会影响其功能发挥，还可利用蓄积雨水资源作为旱季杂用水，缓解用水危机。

3.3.1.5 农村集雨水窖

集雨水窖主要分布在居民点的院内、打谷场边和山坡集水凹地等地方，以收集屋面、打谷场和凹地上的水流，供人畜饮用或为庭院经济（果园，大棚菜）农田、植树造林提供灌溉水源。也可以分布在高低不同梯田内，修建集流面蓄积雨水，利用地形落差或者抽水灌溉，每个水窖负责灌溉一定的区域，当位于高处的水窖蓄满水后，多余的水可以通过管道补充位于地势比较低处的水窖，如图 3.7 所示。

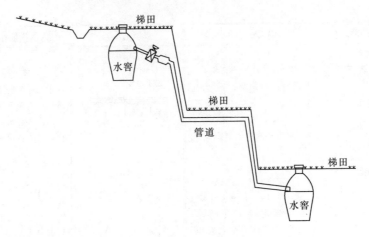

图 3.7　集雨水窖配置模式图

集雨水窖选址时应注意以下几方面问题：

（1）窖址要选择在有较大来水面积或靠近引水渠、溪沟和道路边沟等便于引水拦蓄的地方。

（2）蓄积地面径流的水窖，窖址应选在地势较低处，以便控制较大的集水面积，尽量的多蓄积雨水。

（3）饮用水水窖应远离厕所和畜圈等污染源。

（4）山区应充分利用实际地形，多建自流灌溉窖，节省费用。

（5）水窖应尽量靠近农田或农户，方便灌溉和饮用。

（6）避免在泥石流和山洪易发处修建小水窖，并尽量避开滑坡体地段，地基要求均匀密实，大体一致。

建成后的水窖在雨季把雨水收集起来，以备利用。它具有防渗性能良好、坚固耐用、修建成本低、使用时间长以及操作简单等特点，且有利于防治水土流失。改善山区生态环境的集雨节水工程就地拦蓄就地利用，在为旱地灌溉提供水源的同时，拦蓄地面径流可减少输水沟道的洪水泥沙，减少水土流失和土地侵蚀，减少泥沙输送量，使山丘区水土资源得到合理开发利用，促进农村各业协调、持续、健康发展。

目前，连云港市集雨水窖非常少，今后应大力推广集雨水窖工程，积极引导农民改变旧观念，修建集雨水窖。这样不仅能有效解决农村地区雨水资源利用问题，而且还能改善当地生态环境，促进农业生产快速发展。

3.3.2　现有水库、河网洪水资源利用

现有水库、河网洪水资源利用主要是通过合理的水文预报和调度方式对汛期洪水进行蓄存利用。

3.3.2.1 现有水库洪水资源利用

对应现有水库汛期防洪管理中，传统方法是采用单一固定的汛限水位，而缺乏考虑汛期洪水发生的随机性以及洪水量级上的差异性，以致于水库在汛初为了保障防洪安全而不敢蓄水、汛末未能抓住最后一场洪水而蓄不满水的现象经常发生，从而导致水资源的浪费，降低了水库兴利效益。汛限水位是发挥水库功能的一个重要水位，是防洪与兴利的结合点，因此，通过科学分析适当抬高石梁河、安峰山、小塔山等水库的汛限水位，使水库多拦蓄汛期洪水。可以根据其防洪调度方式及判别条件，按照水库的具体情况正确考虑与水库调洪有关的各种因素，尝试将整个汛期进行分期，并对各个分期分别拟定分期汛限水位，通过对历史洪水调洪演算，在满足约束条件的前提下，尽可能抬高汛限水位，使之尽可能最大化，以此提高水库蓄洪量。

连云港市境内水库较多，共有大、中、小型在册水库 168 座，其中，大型水库 3 座、中型水库 8 座、小型水库 157 座，众多水库间水文、水力联系较为紧密。

因此，除了利用水库提高汛限水位来多蓄洪水外，还可以通过水库群之间的优化调度以及水库与河网的优化调度充分利用洪水。水库洪水资源利用模式如图 3.8 所示。

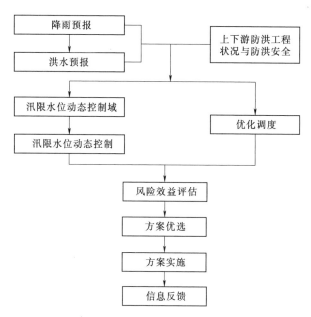

图 3.8　水库洪水资源利用模式示意图

3.3.2.2 现有河网洪水资源利用

连云港市地处淮河流域沂沭泗河下游，辖区分属沂河水系、沭河水系和滨海诸小河水系。灌南、灌云县和市区东南部属沂河水系，东海县、市区大部和赣榆县西南部分地区属沭河水系，赣榆县其他大部地区属滨海诸小河水系。境内现有县、乡级河道605条，骨干河道共有82条，流域性河道4条，即新沂河、新沭河、沭河、通榆河等，区域性骨干河道有灌河、善后河、蔷薇河、青口河、龙梁河、石安河等，各河道分区情况见表3.9。

表 3.9　　　　　　　　　　　连云港市各片区骨干河道一览表

片区 河道类型	沂南片	沂北片	沭南片	沭北片
流域性河道	新沂河、通榆河	新沂河、沭河、通榆河	新沭河、通榆河	
区域性河道	灌河、南六塘河、北六塘河、公兴河、柴米河、柴南河、沂南河、一帆河、唐响河、甸响河	古泊善后河、东门五图河、车轴河、五灌河、烧香河	蔷薇河、鲁兰河、淮沭新河、乌龙河	青口河、龙王河、绣针河
其他骨干河道	武障河、义泽河、龙沟河	西护岭河、叮当河、牛墩界圩河	龙梁河、石安河、磨山河、马河、民主河	范河、朱稽副河、兴庄河

应充分利用好连云港水系发达的特点，利用河网自然调蓄能力和河渠湖连通关系，发挥现有的闸、坝功能，研究闸坝群联合调控方案，通过河网联合优化调度，延缓洪水在陆地停留时间，利用河道蓄多蓄存汛期洪水。

连云港市在汛期还可以采取水库群与河网联合优化调度的方式，以获得更多的汛期洪水蓄存量。

洪水资源利用对防洪调度提出了更高的要求，实施水库河网联合调度是实现洪水资源利用的有力保障。对一个流域而言，水库与水库之间有串联、并联，河网与河网之间有交叉，水库与河道相互联系、相互制约，构成一个多目标、多约束、多边界的复杂系统。从洪水资源利用观念分析，水库河道联合调度就是依据科学完善的洪水预报预测系统，针对不同的来水情况实施不同的水库河道防洪调度原则，将单个水库、河道、湖泊的调度方案进行优化整合，制定统一的调度方案，在优先保障防洪安全的前提下，变以往单一的以防御大洪水为目标尽量把洪水排泄入海为排、引、调、蓄、灌联合调度，以达到汛期洪水的最大化"综合利用"。其具体操作可以根据洪水的不同量级，把洪水分为大洪水、中等洪水和小洪水。

对大洪水，联合调度应侧重防洪安全，在保障水库、河道防洪安全的前提下，尽量利用洪水前峰清淤，并清洗河道污染物；对中等洪水，联合调度时应以用洪为重，在保障水库、河道防洪安全的同时，主要考虑通过调整汛限水位，利用水库、闸坝多拦蓄洪水用于灌溉和供水，并引水于蓄滞洪区、洼地、湿地回补地下，保护生态，同时加强小型工程的引水、拦蓄作用，有意识地加强洪水入渗，开展引洪漫地淤灌，回灌地下水源；对于小洪水，可尽量将其拦蓄于水库和拦河闸坝，既减少下游河道淤积又提高水库、闸坝的蓄水保障。

对于连云港市境内不同行洪河道，可根据中、小洪水的不同步特性，利用各通道网状河渠系统，实施水库与河道的联合调度，实现下泄水的细水长流，最大限度地把洪水蓄留在河网中，尽可能延长水流在河道的滞留时间，充分发挥其弥补水资源不足和修复流域生态的特性，恢复河道生态功能，改善河湖环境。

3.3.3　新建水库湖泊洪水资源利用

为了有效利用洪水，考虑在靠近行洪河道及入海口处新建水库工程蓄水。连云港市主要的行洪河道有新沂河、新沭河、蔷薇河、善后河、青口河和龙王河。

1. 利用新沂河过境洪水

新沂河始自江苏省骆马湖嶂山闸，途经徐州、宿迁、连云港三市的新沂、宿豫、沭阳、灌南、灌云五县（市）境至燕尾港镇南与灌河会合后并港出海，全长146km。新沂河既是骆马湖的排洪出路，又是沂沭泗河洪水主要入海通道之一，也是相机分泄淮河洪水的通道（在淮、沂洪水不相遇的情况下，通过分淮入沂，新沂河还担负着分泄淮水入海的任务，最大设计分淮入沂流量3000m³/s）。其中流经连云港市灌云、灌南县境内的河长为68km。境内河宽为1500～2800m，设计行洪流量6000m³/s，校核流量7000m³/s，因为新沂河担负着极其重要的泄洪任务，且河道较宽，建河道型水库困难，可以考虑在新沂河两侧新建水库，在汛期将新沂河的洪水引致水库中蓄存起来。

例如，在新沂河北岸的灌云县境内，处在圩丰镇、图河乡和灌西盐场之间，位置可界定为东陬山—燕尾港公路以西、五图河以东、五灌河以北的三角形区域内。新建大兴水库，建成后的水面面积可达20km²以上，可拦调引汛期新沂河部分过境洪水，蓄存至水库，向燕尾港镇提供优质的生产、生活用水，提高过境洪水资源利用率，为连云港市南翼临港产业的发展提供资源保障。新沂河北侧的燕尾港片及新沂河南侧的堆沟港片地下水井较多，且该两处的深层地下水原有的水质较好，但近几年由于过度开采，地下水位持续下降，造成局部海水倒灌，影响了水质。可考虑建立地下水库，利用新沂河行洪期间洪水向两片区的地下进行回灌，最大限度地补充地下水，防止海水内倾，形成稳定的地下水位。

2. 利用新沭河过境洪水

新沭河位于鲁东南及苏北，为分泄沂沭河洪水的入海河道，西起沭河大官庄枢纽新沭河泄洪闸，向东入石梁河水库，出库后东流至临洪河口入海，河道全长约80km，区域面积2850km²。为了充分利用新沭河过境洪水，可以考虑在新沭河上建梯级水库，以石梁河水库为龙头水库，石梁河水库下游至蒋庄漫水闸、蒋庄漫水闸至太平庄闸之间形成梯级水库，分级拦蓄新沭河过境洪水。同时，结合东调南下二期三洋港挡潮闸新建工程，通过对闸上游临洪河的整治和疏浚，使临洪闸至三洋港之间 15km 河槽拦蓄淡水，从而形成一个从太平庄闸、临洪闸到三洋港挡潮闸之间的平原水库，充分利用洪水资源。

3. 利用蔷薇河过境洪水

据统计，近十几年来蔷薇河年平均过境水量为 8.57 亿 m³，全部入海，未加以利用。而蔷薇河与东站引河之间的东西长约 4km、南北宽约 800m，南北长约 4km 的圩地，可考虑在此新建湖泊，可以充分利用雨洪资源。

4. 利用善后河过境洪水

善后河是沂北地区一条区域性骨干行洪河道。西起沭阳县李万公河，东至埒子口，包括古泊河在内全长 71.1km，总流域面积 1471km²，其中连云港市境内长 51km，面积 565km²。河道两岸已经形成了较为完善的排水体系。埒子口是烧香河、善后河、五图河、车轴河和牛墩界圩河等五条河道的集中出口处，是善后老闸、善后新闸、烧香老闸、车轴河闸、五图闸、图西闸等六座挡潮闸集中地，汇集至此的总流域面积 3457km²。从善后河闸至海口长度 16km。考虑在埒子口一带建坝，坝址处兴建一座节制闸，排善后河和善南地区涝水，坝址处以上埒子口内（以海堤为界）新建淡水水库，拦蓄古柏善后河流域、善南地区的径流。坝址以上埒子口内土方开挖，结合徐圩片开发弃土于埒子口北侧徐圩片内。埒子口水库建成后，可以充分拦蓄洪水资源，为徐圩新区和灌云县临港产业区供水。

5. 利用青口河过境洪水

青口河发源于山东省莒南县，流经洙边、黑林、小塔山水库、青口，于下口处向东入黄海，全长 64km，其中从小塔山水库坝下至入海口长约 28km。为充分利用青口河过境洪水，可以新建青口河梯级水库，考虑青口河分六级节制，即小塔山水库、瞿沟陡坡、邵庄陡坡、沙河子漫水闸、青口河漫水闸、青口河挡潮闸六级节制，拦蓄的洪水量可向赣榆区青口河沿线乡镇供农业灌溉、生活及县城生态用水。

6. 利用龙王河过境洪水

龙王河发源于山东省五莲山南麓，自西向东从山东莒南县流入江苏省连云港市赣榆区，是一条跨省界河流，河道全长 75km，流域面积 555km²。龙王河也是赣榆沭北地区主要的骨干河流，在赣榆县境内长 27.5km，区间流域面积 123.51km²。为充分利用龙王河过境洪水，可以新建龙王河梯级水库。龙王河梯级水库为四级开发方案。一级坝为石埝漫水闸，位于金山镇；二级坝为宅基闸，位于宅基附近；三级坝为龙王庙闸，位于龙王庙处；四级坝为龙王河挡潮闸，位于龙王河入海口处。该方案充分利用龙王河近 20m 落差优势，下一级水库即洄水至上一级坝址处，同时在坝址选址时尽可能满足环岭干渠、龙南干渠的取水需要。

第4章 连云港市雨洪资源利用方案确定与可利用量估算

本章在连云港市雨洪资源模式分析及潜力估算的基础上，研究提出连云港市雨洪资源利用方案，从城市雨水和过境洪水两方面进行连云港市雨洪资源利用研究，其中过境洪水资源利用重点分析现有水库河网、新建水库湖泊等模式的洪水资源利用。在现有水库河网洪水资源利用研究中，主要考虑水库汛限水位的动态控制以及梯级水库群联合调度；在新建水库湖泊洪水资源利用研究中，主要是对水库进行兴利和防洪分析计算，确定水库的主要特征水位、特征库容和工程规模，从而估算洪水资源可利用量。根据各分区内生活、工业、农业和生态环境用水量、用水优先次序和缺水程度等因素，将连云港市多年平均雨洪资源可利用总量进一步按照生活、农业、工业和生态环境用水进行分配。

4.1 连云港市雨洪资源利用方案确定

本节主要是结合连云港市的水资源供需平衡分析、供水格局分析以及雨洪资源需求的时空分布，在连云港市城市雨水利用和过境洪水利用的潜力分析的基础上，考虑合理的雨洪资源利用模式，包括工程措施模式和非工程措施模式，提出雨洪资源利用方案。

4.1.1 连云港市城市雨水资源利用方案

城市雨水资源利用主要通过工程技术措施收集、储存并利用雨水，同时通过雨水的渗透、回灌、补充地下水及地面水源，维持并改善城市水循环系统。它不是狭义的利用雨水资源和节约用水，还包括减轻城区雨洪排涝和减缓地下水位的下降、控制雨水径流污染、改善城市生态环境等多重作用。其内容涉及城市雨水资源的科学管理、雨水径流的污染控制、雨水收集利用、采用各种渗透设施将雨水回灌地下的间接利用、城市生活小区水系统的合理设计及其生态环境建设的综合利用等方面，是一项涉及面很广的系统工程。

连云港市城市雨水资源利用主要是在城区范围内采取就地利用措施将雨水资源尽可能的"就地消化"，一方面可以起到节约成本以利用雨水资源的目的；另一方面可以减少雨水径流在传输过程中所受污染，减轻城市涝灾威胁。就地利用措施主要包括屋顶集雨系统、下沉式绿地、透水广场及路面、就地利用积蓄设施等。

连云港市城市雨水资源可以作为城市低质水利用水源，用于城市低质水分配，如市政用水、杂用水、景观用水等，可以节约优质水资源。

4.1.2　连云港市过境洪水资源利用方案

连云港市过境洪水资源十分丰富，全市多年平均过境水量 60.48 亿 m³，其中沂南区 25.40 亿 m³，占总量的 42.0%，沂北区 33.72 亿 m³，占 55.8%，赣榆区 1.36 亿 m³，占 2.2%。过境洪水通道主要有新沂河、新沭河、灌河、蔷薇河、古泊善后河、青口河、龙王河等。

1. 新沂河过境洪水资源利用方案

新沂河起点在江庄，终点在燕尾港，是沂沭泗地区主要排洪河道之一，分泄上游 55000km² 的洪水，并承泄嶂山闸到沭阳河段 2322km² 的区间汇水，全长 144km，连云港境内河长 68.58km，集水面积 2921km²，堤防等级为 1 级，沿线涵闸 7 个，总规模为 440m³/s。设计防洪标准为 20 年一遇，设计行洪流量为 6000m³/s，保护面积 2921km²，保护耕地 256.28 万亩，保护人口 184 万人。

新沂河多年平均入海水量 25.40 亿 m³，新沂河两岸堤距自西向东展宽，嶂山闸下 500m、口头 920m、沭阳 1260m、盐河 2000m，到小潮河闸以下增至 3150m。在设计洪水位下（沭阳站 11.2m），河床可容蓄水量为 10 亿 m³。新沂河以排洪为主，洪水资源利用方面未发挥作用。非汛期新沂河分北偏泓和南偏泓，至灌南县叮当河闸增加中泓，叮当河闸以下中泓以排污为主，北偏泓提供灌溉水，灌溉北偏泓与中泓之间为农田；南偏泓为灌南县引江淮水的调水通道，也利用部分上游回归水。北偏泓、中泓、南偏泓宽度有限，沿途无水库拦蓄来水，未对过境洪水资源进行利用。为了满足新沂河范围内的生产、生活、生态需水量，提高生产、生活供水保证率，可以考虑利用新沂河的过境洪水资源。

新沂河的过境洪水资源利用一方面可以利用现有闸站在汛期从新沂河取水；另一方面可以考虑在新沂河两岸新建平原水库，蓄存汛期洪水资源。

根据新沂河两岸地形地貌分析以及两岸群众生产生活供用水情况分析，可以考虑在新沂河北岸的灌云县境内，圩丰镇、图河乡和灌西盐场之间，燕尾港公路以西、五图河以东、五灌河以北的三角形区域内，新建大兴平原水库。水库建成后的水面面积可达 20km² 以上，可在汛期引新沂河洪水供兴利使用。

2. 新沭河过境洪水资源利用方案

新沭河西起山东省临沭县大官庄水利枢纽，入石梁河水库，再向东南与蔷薇河汇合，由临洪口入海，是沂沭泗流域又一条主要洪水通道。连云港境内河长 45km，集水面积 6300km²，堤防等级主要为 2 级，其中市区段为 1 级，沿线涵闸 16 个，总规模为 392m³/s，沿线泵站 6 个，总规模为 16m³/s。左岸支流有范河、朱稽河，右岸支流有磨山河、蔷薇河、大浦河。设计防洪标准为 50 年一遇，设计行洪流量为 6400m³/s，设计洪水位为 27.65m（石梁河水库），保护面积

2015km²，保护耕地 100 万亩，保护人口 20 万人。经新沭河入海的上游洪水水量多年平均 33.72 亿 m³，为了满足新沭河范围内的生产、生活、生态需水量，提高生产、生活供水保证率，可以考虑利用新沭河的过境洪水资源。

新沭河的过境洪水资源利用可以有四种措施：一是充分利用水库群的优化调度；二是利用现有闸站在汛期从新沭河取水；三是新建新沭河梯级水库；四是新建三洋港平原水库。

利用水库群优化调度主要是以石梁河水库、安峰山水库、新沭河、石安河、安房河、黑泥河、龙梁河、石梁河水库泄洪闸、安峰山水库泄洪闸、磨山闸等单元组成水库群，通过库群联合优化调度，增加过境洪水资源可利用量。

利用现有闸站在汛期从新沭河取水主要是合理调控沿线的 22 个闸站，在汛期多利用过境洪水资源。

新建新沭河梯级水库主要是在新沭河上分四级节制，即石梁河水库、蒋庄漫水闸、太平庄闸、三洋港挡潮闸四级节制，其中石梁河水库泄洪闸下至蒋庄漫水闸上常年可拦蓄水量 2000 万 m³，可向东海县的黄川、白塔和赣榆区的沙河、墩尚等乡镇供水；太平庄闸上河段常年可拦蓄水量 1500 万 m³，供赣榆区东南部及海州区西北部乡镇用水。

新建三洋港平原水库主要是在太平庄闸、临洪闸以下，三洋港挡潮闸以上新建平原水库。结合东调南下的三洋港挡潮闸工程，通过对闸上游临洪河的整治和疏浚，使临洪闸至三洋港之间 15km 河槽拦蓄淡水，从而形成一个从太平庄闸、临洪闸到三洋港挡潮闸之间的平原水库，充分利用过境洪水资源。

3. 蔷薇河过境洪水资源利用方案

蔷薇河全长河长 50.7km，集水面积 1678.7km²，左岸支流有民主河、马河、鲁兰河、淮沭新河、乌龙河，右岸支流有东站引河，河道堤防等级为 3 级，沿线涵闸 15 个，总规模为 224m³/s，沿线泵站 48 个，总规模为 117m³/s。设计防洪标准为 20 年一遇，设计行洪流量为 1365m³/s，设计洪水位为 6.57～8.145m，保护面积 952.1km²，保护耕地 89.7 万亩，保护人口 140.3 万人。蔷薇河是连云港市区主要的生产、生活水源，为了提高连云港市区生产、生活供水保证率，可以考虑利用蔷薇河的过境洪水资源。

蔷薇河的过境洪水资源利用可以有两种措施：一是可以利用现有闸站在汛期从蔷薇河取水；二是可以考虑在河道末端新建湖泊，蓄存汛期洪水资源。

根据蔷薇河两岸地形地貌分析以及两岸群众生产生活供用水情况分析，可考虑在蔷薇河与东站引河之间的东西长约 4km、南北宽约 800m，南北长约 4km 的圩地新建湖泊。该湖建成后，按市区供水量 30 万 m³/d 计算，可满足市区 80 余天的供水量，可以作为连云港市应对突发水污染事故的理想后备水源。

4. 善后河过境洪水资源利用方案

善后河是连云港市的一条过境洪水通道，其上游为古泊河，河长 32.25km，集水面积 344.2km²，河道堤防等级为 2 级，沿线涵闸 5 个，总规模为 274m³/s，设计防洪标准为 20 年一遇，设计行洪流量为 620m³/s，保护面积 342.2km²，保护耕地 75 万亩，保护人口 62 万人。善后河的过境洪水资源丰富，为了提高河道两岸的生产、生活供水保证率，可以考虑利用善后河的过境洪水资源。

善后河的过境洪水资源利用可以有两种措施：一是可以利用现有闸站在汛期从善后河取水；二是可以考虑新建埒子口水库。

埒子口是沂北地区洪涝水的入海口门之一，过境洪水资源丰富，可考虑在善后河闸下、待建的埒子口挡潮闸之间新建埒子口水库。善后河是一条高水河道，灌云境内的地表水不能自流入河，经过较长距离的河水自净，到达善后闸的河水水质较好，在闸下修建河道型水库，既可利用汛期过境洪水，也能在一定程度上解决埒子口长期存在的泥沙淤积问题，还能改善东部城区工业用水，使水资源的分布更趋合理。

5. 青口河过境洪水资源利用方案

青口河上游为小塔山水库，下游入海。小塔山水库集水面积 386km² 多数分布于沂蒙山区，水库来水以自身集水区域内的降水为主。青口河河长 47.5km，集水面积 267km²，河道堤防等级为 3 级，沿线涵闸 92 个，总规模为 476m³/s，沿线泵站 7 个，总规模为 250m³/s，设计防洪标准为 50 年一遇，设计行洪流量为 400m³/s，设计洪水位为 3.76m，保护面积 55km²，保护耕地 23.8 万亩，保护人口 35 万人。青口河的过境洪水资源丰富，为了提高河道两岸的生产、生活供水保证率，可以考虑利用青口河的过境洪水资源。

青口河的过境洪水资源利用可以有四种措施：一是充分利用水库优化调度；二是利用现有闸站在汛期从青口河取水；三是新建新沭河梯级水库；四是新建大新平原水库。

利用水库群优化调度主要是对小塔山水库进行防洪优化调度，增加其过境洪水资源可利用量。

新建青口河梯级水库主要是对青口河进行六级节制，即小塔山水库、瞿沟陡坡、邵庄陡坡、沙河子漫水闸、青口河漫水闸、青口河挡潮闸，其中，小塔山水库坝下至瞿沟陡坡可拦蓄水量 300 万 m³，供塔山和城头镇农业灌溉用水；瞿沟陡坡至邵庄陡坡可拦蓄水量 1000 万 m³，供城头、城西和赣马等镇农业灌溉用水；邵庄陡坡至沙河子漫水闸可拦蓄水量 150 万 m³，供司坞水厂向赣马镇供生活用水；沙河子漫水闸至青口河漫水闸可拦蓄水量 200 万 m³，供沿线青口镇农业灌溉及县城生态用水；青口河漫水闸至青口河挡潮闸可拦蓄洪水满足航运等需求。

新建大新平原水库主要是在赣榆区境内青口盐场地域新建大新水库，边界线可界定为范河以北、老朱稽河以南、沭青干渠以东、新沭河以西的长方形范围内。东西长约 5km、南北宽约 4km，建成后的水面面积近 20km²。该水库在汛期可蓄存较多的过境洪水资源。

6. 龙王河过境洪水资源利用方案

龙王河在汛期承接上游山东过境洪水，是赣榆区北部的一条重要过境洪水通道，上游为山东省相邸水库，经朱蓬口入黄海。境内龙王河河长 27.5km，集水面积 123.5km²，左岸支流有神泉河、董沟河，右岸支流有尚庄河、官庄河。沿线涵闸 4 个，总规模为 30m³/s，沿线泵站 2 个，总规模为 2m³/s，设计防洪标准为 20 年一遇，设计行洪流量为 2362m³/s，保护面积 151km²，保护耕地 8 万亩，保护人口 13 万人。龙王河的过境洪水资源丰富，为了提高河道两岸的生产、生活供水保证率，可以考虑利用龙王河的过境洪水资源。

龙王河的过境洪水资源利用可以有三种措施：一是充分利用现有闸站在汛期从龙王河取水；二是新建龙王河梯级水库；三是新建东温庄平原水库。

龙王河在连云港境内目前尚无水库，上游来水全部入海，龙王河汛期防洪压力较大，若采用传统坝型则会减缩河道行洪断面，对河道安全行洪造成影响。经分析龙王河河道内较合适梯级坝，规划在龙王河以石埝闸、宅基闸、龙王庙闸、龙王河挡潮闸四座闸坝，建设梯级水库，满足龙王河两岸生产生活用水需求。

为了满足赣榆北部柘汪镇的用水，可考虑新建东温庄水库，选址位于石桥镇东温庄村以北龙北干渠上，水库起点始于龙北干渠大温庄翻水站引渠入口下游约 1km 处，拟开挖龙北干渠约 3.8km 弯段建库蓄水；库区面积约 2.1km²。东温庄水库建成后坝址以上汇水面积为 19.4km²，其中通过龙北干渠引水入库的汇水面积约 16.6km²、直接入库的汇水面积约 2.8km²。通过水库对径流进行调节、以丰补歉，充分合理的利用水资源，与通榆河北延送水工程配合运用、水源互济，最大限度地向赣榆北部沿海地区提供优质的工业和生活用水，提高供水保障、实现稳定供水，为赣榆区经济发展和人民生产生活条件的改善奠定物质基础。

4.2　连云港城市雨水资源可利用量估算

雨洪资源作为非常规水资源，其开发利用已得到广泛重视。科学计算雨洪资源可利用量，是雨洪资源利用研究的一个重要内容。雨洪资源可利用量与雨洪资源利用潜力不同，在计算雨洪资源可利用量时，需要考虑流域或区域的自身条件，经济能力和风险因素，还应结合雨洪资源具体的利用方案进行分析计算。

结合上述讨论，雨洪资源可利用量可定义为：在可预见时期内，在统筹考虑生活、生产和生态环境等必要需水量的基础上，在保障防洪安全的前提下，通过经济合理、技术可行的措施能够调控利用的最大雨洪资源量。连云港市雨洪资源可利用量在计算时，分为城市雨水和过境洪水两个方面。

4.2.1　城市雨水资源可利用量计算的水量平衡模型

城市雨水资源可利用量主要是指城市地区由降雨资源形成的地表径流量和地下径流量之和。城市雨水资源量的计算方法很多，本书提出基于水量平衡的城市雨水资源可利用量分析模型，考虑降雨、蒸发、径流、入渗和土壤蓄水量等水文物理过程，以克服传统方法的不足。

1. 模型基本结构

水量平衡模型具有灵活性好和易理解两个非常吸引力的特点，它结构简单，参数较少，对资料要求不高，便于率定和推广应用。从空间上而言，水量平衡模型既可以模拟全球水文循环（大尺度），也可以模拟某一单元（小尺度）；从时间上而言，水量平衡模型的适用范围也很大，既可模拟年或更长期的水文过程，又可以进行连续时间序列模拟。以月为计算时段，相应的水量平衡模型为月水量平衡模型，月水量平衡模型以质量守恒原理为理论基础，将各个水文过程或变量之间的关系概化成经验函数或表达式来模拟水文过程。

由于径流过程概化了存在于较短时间尺度上的一些随机不确定因素，土壤-植被-大气系统（SPAC）之间的相互作用、相互反馈使得降水、蒸发、径流这三个水文变量之间的相互关系更加密切。在自然条件下，例如无明显的蓄水或取水，一次降雨一般都能在一段时期内转化为径流或被蒸发，仅有小部分仍滞留在土壤中。因此，在月水量平衡模型中可以不进行产流与汇流的区分。根据径流形成机制，将径流量划分为两种：地表径流量和地下径流量，建立适合该地区的城市雨水资源量计算模型，模型结构如图 4.1 所示。

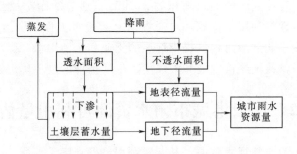

图 4.1　基于水量平衡的城市雨水资源
可利用量分析模型结构图

2. 模型运算

（1）蒸发计算。城市地区蒸发量主要发生在透水地面上，考虑蒸发与土壤蓄水量关系，当蒸发量大于降雨量与径流量之差时，土壤层实际蒸发量可按下式近似计算：

$$E(t) = E_m(t) \frac{S(t-1)}{S_{\max}} \tag{4.1}$$

式中：$E(t)$ 为 t 时段的实际蒸发量，mm；$E_m(t)$ 为 t 时段的蒸发能力，以 E_{601} 型蒸发皿观测值乘以蒸发折减系数计算，mm；$S(t-1)$ 为 $t-1$ 时段的土壤蓄水量，mm；$S_{\max}$ 为最大土壤蓄水量，mm。

（2）地表径流量计算。地表径流量的大小主要受约于两方面的因素：一是区域下垫面情况；二是降水特性。在一个相对较短的时期内，区域的地貌等下垫面情况变化不大，对产流的影响不大。因此，认为影响地表径流的主要因素是降雨和土壤蓄水量。本模型中，认为不透水地面降雨直接产生地表径流，而透水地面地表径流量与土壤蓄水量之间存在正比关系，地表径流量计算式为

$$W_s^1(t) = 0.1 K_s^1 P(t) IMP \cdot A \tag{4.2}$$

$$W_s^2(t) = 0.1 K_s^2 \frac{S(t-1)}{S_{\max}} P(t)(1-IMP)A \tag{4.3}$$

式中：$W_s^1(t)$、$W_s^2(t)$ 分别为 t 时段不透水地面地表径流量和透水地面地表径流量，万 m^3；K_s^1、K_s^2 分别为不透水地面、透水地面的地表径流系数；$P(t)$ 为 t 时段的降水量，mm；IMP 为不透水面积占研究区域总面积的比例；A 为研究区域总面积，km^2。

（3）地下径流量计算。假定地面下线性水库出流，地下径流量与土壤蓄水量存在线性函数关系，地下径流量计算式为

$$W_g(t) = 0.1 K_g S(t-1)(1-IMP)A \tag{4.4}$$

式中：$W_g(t)$ 为 t 时段的地下径流量，万 m^3；K_g 为地下径流系数，$0 \leqslant K_g \leqslant 1$。

（4）下渗和土壤蓄水量计算。模型中土壤下渗量为透水地面的降雨量扣除地表径流量剩下的部分，根据水量平衡原理，t 时段的土壤蓄水量为

$$S(t) = S(t-1) + P(t) - R(t) - E(t) \tag{4.5}$$

式中：$S(t)$ 为 t 时段的土壤蓄水量，mm；$R(t)$ 为透水地面的径流深，包括透水地面地表径流深和地下径流深，mm。

（5）城市雨水资源可利用量计算。本模型中认为地表径流量和地下径流量之和即为城市雨水资源可利用量，其计算式为

$$W(t) = W_s^1(t) + W_s^2(t) + W_g(t) \tag{4.6}$$

式中：$W(t)$ 为 t 时段的城市雨水资源可利用量，万 m^3。

3. 模型参数确定及评价

本模型的参数主要有四个，即不透水地面地表径流系数、透水地面地表径流系数、透水地面地下径流系数和最大土壤蓄水量。前三个参数可根据研究区域下垫面情况，参阅有关手册确定。最大土壤蓄水量可通过实测资料分析确定，每月的土壤蓄水量计算采用试算法，即赋予研究时段的一个初始土壤蓄水量，通过迭代运算，以初始土壤蓄水量与最末土壤蓄水量近似相等作为结束条件。

模型结果的合理性评价采用与传统经验公式法计算结果进行对比分析，通过比较两种方法不同水平年的计算成果变化图，分析水文物理要素对两者计算成果的影响作用，来说明模型的优越性。

4.2.2　连云港城市雨水资源可利用量计算成果分析

连云港市区不透水面积约为 60%，不透水地面径流系数取 0.5，透水地面径流系数取 0.15，地下水径流系数取 0.02，利用连云港市区 1963—2009 年降水资料，通过选配皮尔逊Ⅲ型曲线，进而得到不同频率年的降雨量资料。取该地区最大土壤蓄水量为 200mm，利用上述水量平衡模型编程计算该地区不同频率下的雨水资源可利用量，见表 4.1～表 4.4。

表 4.1　　　　连云港城市雨水资源可利用量计算成果（$P=25\%$）

月份	降水量/mm	蒸发量/mm	不透水地面地表径流量/万 m^3	透水地面径流量/万 m^3 地表径流量	透水地面径流量/万 m^3 地下径流量	土壤蓄水量/mm	雨水资源量/万 m^3
1	63.70	7.33	1288.87	257.77	53.96	155.21	1600.60
2	37.20	15.52	752.68	150.54	83.75	176.02	986.97
3	3.30	68.91	66.77	13.35	94.97	110.01	175.10
4	19.00	54.64	384.44	76.89	59.36	73.87	520.68
5	28.80	49.69	582.72	116.54	39.85	52.40	739.12
6	215.10	26.09	4352.21	870.44	28.27	238.07	5250.93
7	342.20	135.15	6923.88	1384.78	128.45	439.52	8437.11
8	269.40	226.13	5450.89	1090.18	237.15	477.87	6778.21
9	11.90	271.19	240.78	48.16	257.84	217.44	546.77
10	16.60	77.12	335.88	67.18	117.32	156.24	520.37
11	2.10	40.23	42.49	8.50	84.30	117.76	135.29
12	39.60	19.61	801.24	160.25	63.54	136.93	1025.03
合计	1048.90	991.61	21222.86	4244.57	1248.76	2351.33	26716.18

表 4.2   连云港城市雨水资源可利用量计算成果（P＝50%）

月份	降水量 /mm	蒸发量 /mm	不透水地面地表径流量 /万 m³	透水地面径流量/万 m³		土壤蓄水量 /mm	雨水资源量 /万 m³
				地表径流量	地下径流量		
1	35.10	9.40	710.19	142.04	53.96	124.97	906.19
2	34.50	18.73	698.05	139.61	67.43	139.98	905.09
3	5.60	48.74	113.31	22.66	75.53	96.48	211.50
4	5.40	49.12	109.26	21.85	52.06	52.48	183.17
5	43.30	27.10	876.11	175.22	28.32	67.93	1079.65
6	84.00	38.93	1699.61	339.92	36.65	111.60	2076.18
7	203.10	48.25	4109.41	821.88	60.21	263.18	4991.51
8	251.00	97.90	5078.59	1015.72	142.00	411.99	6236.31
9	30.40	174.48	615.10	123.02	222.29	266.63	960.41
10	36.70	101.94	742.57	148.51	143.86	200.30	1034.94
11	145.60	34.15	2945.99	589.20	108.08	309.17	3643.26
12	4.40	43.64	89.03	17.81	166.81	269.24	273.65
合计	879.10	692.38	17787.22	3557.44	1157.20	2313.95	22501.86

表 4.3   连云港城市雨水资源可利用量计算成果（P＝75%）

月份	降水量 /mm	蒸发量 /mm	不透水地面地表径流量 /万 m³	透水地面径流量/万 m³		土壤蓄水量 /mm	雨水资源量 /万 m³
				地表径流量	地下径流量		
1	5.00	10.68	101.17	20.23	53.96	94.04	175.36
2	11.90	16.68	240.78	48.16	50.74	88.90	339.67
3	55.00	29.35	1112.84	222.57	47.97	113.54	1383.37
4	50.00	46.33	1011.67	202.33	61.26	116.24	1275.27
5	95.80	65.48	1938.36	387.67	62.72	144.89	2388.76
6	5.40	103.26	109.26	21.85	78.18	46.66	209.29
7	175.20	25.52	3544.90	708.98	25.18	193.62	4279.05
8	236.90	109.20	4793.30	958.66	104.47	317.38	5856.43
9	29.30	170.49	592.84	118.57	171.24	175.12	882.65
10	1.20	75.04	24.28	4.86	94.49	100.91	123.62
11	57.20	19.06	1157.35	231.47	54.45	138.00	1443.27
12	27.50	17.27	556.42	111.28	74.46	147.54	742.16
合计	750.40	688.35	15183.17	3036.63	879.11	1676.84	19098.91

表 4.4　　　　　连云港城市雨水资源可利用量计算成果（多年平均）

月份	降水量 /mm	蒸发量 /mm	不透水地面地表径流量 /万 m³	透水地面径流量/万 m³		土壤蓄水量 /mm	雨水资源量 /万 m³
				地表径流量	地下径流量		
1	15.83	9.95	320.33	64.07	53.96	105.44	438.36
2	21.51	15.82	435.32	87.06	56.89	110.61	579.28
3	30.95	33.92	626.29	125.26	59.68	106.95	811.23
4	49.59	47.52	1003.32	200.66	57.70	108.05	1261.69
5	62.09	59.99	1256.28	251.26	58.30	109.00	1565.84
6	106.84	58.91	2161.75	432.35	58.81	155.11	2652.91
7	259.11	81.03	5242.74	1048.55	83.69	329.00	6374.98
8	189.53	175.58	3834.75	766.95	177.51	339.44	4779.22
9	81.76	159.52	1654.23	330.85	183.15	259.78	2168.23
10	37.26	96.24	753.98	150.80	140.17	199.73	1044.94
11	27.73	45.00	561.16	112.23	107.76	181.64	781.15
12	13.72	24.35	277.54	55.51	98.01	170.44	431.06
合计	895.93	807.84	18127.70	3625.54	1135.64	2175.20	22888.88

　　水量平衡模型考虑了下渗及土壤蓄水量变化过程，在反映降雨过程的同时，也反映了本身地理空间要素的差异。取平水年、丰水年和枯水年的平均值作为连云港城市多年平均城市雨水资源可利用量，则连云港城市雨水资源量见表 4.5。

表 4.5　　　　　连云港城市雨水资源可利用量计算成果　　　　　单位：亿 m³

典型年	丰水年（P＝25％）	平水年（P＝50％）	枯水年（P＝75％）	多年平均
城市雨水资源量	2.67	2.25	1.91	2.29

　　从表 4.5 可知，连云港市多年平均城市雨水资源可利用量为 2.29 亿 m³，在丰水年（P＝25％），城市雨水资源可利用量为 2.67 亿 m³，在枯水年（P＝75％），城市雨水资源可利用量为 1.91 亿 m³，接近 2 亿 m³。

4.3　连云港市现有水库、河网洪水资源可利用量估算

　　现有水库、河网洪水资源利用主要是通过合理的水文预报和调度方式对汛期洪水进行蓄存利用。对应现有水库汛期防洪管理中，传统方法是采用单一固定的汛限水位，而缺乏考虑汛期洪水发生的随机性以及洪水量级上的差异性，以致于

水库在汛初为了保障防洪安全而不敢蓄水、汛末未能抓住最后一场洪水而蓄不满水的现象经常发生，从而导致水资源的浪费，降低了水库兴利效益。因此，可以根据其防洪调度方式及判别条件，按照水库的具体情况正确考虑与水库调洪有关的各种因素，尝试将整个汛期进行分期，并对各个分期分别拟定分期汛限水位，通过对历史洪水调洪演算，在满足约束条件的前提下，尽可能抬高汛限水位，并使之尽可能最大化，以此提高水库蓄洪量。对于河网，主要是采用河网联合优化调度，利用河道蓄存汛期洪水。连云港市在汛期还可以采取水库群与河网联合优化调度的方式，以便获得更多的汛期洪水蓄存量。

4.3.1 连云港市现有水库洪水资源可利用量估算

连云港市现有大型水库 3 座，分别是石梁河水库、小塔山水库和安峰山水库，其特征水位和特征库容见表 4.6。

表 4.6　　　连云港三座大型水库主要特征水位和特征库容

序号	大型水库名称	设计水位/m	校核水位/m	兴利水位/m	死水位/m	汛限水位/m	总库容/万 m³	兴利库容/万 m³	死库容/万 m³	防洪库容/万 m³
1	石梁河	26.81	27.95	26.00	18.50	23.50	53072	23400	3200	32300
2	小塔山	35.37	37.31	32.80	26.00	32.00	28100	11600	2000	14500
3	安峰山	18.00	18.67	17.20	12.50	16.50	11300	7100	300	7100

1. 石梁河水库

水库位于新沭河干流中游，地处江苏省连云港市东海县、赣榆区及山东省临沂市临沭县交界处，原控制流域面积 5573km²，分沂入沭增加流域面积 10100km²，实际流域面积达 15673km²。水库建于 1958 年，总库容 5.31 亿 m³，属大（2）水库。目前实施老溢洪涵闸加固改造，涵闸设计百年一遇泄洪流量 3000m³/s，校核流量 5000m³/s。新泄洪闸 50 年一遇泄洪流量 3500m³/s，百年一遇泄洪流量 4000m³/s，校核流量 5131m³/s。

2. 小塔山水库

水库位于连云港市赣榆区西北部低山丘陵区，青口河上游，流域面积为 386km²，建于 1958 年，总库容 2.7 亿 m³，属大（2）型水库。水库设计洪水标准为 300 年一遇，校核洪水标准为 2000 年一遇。

3. 安峰山水库

水库位于连云港市东海县安峰乡，淮河流域蔷薇河支流厚镇河上游，流域面积 176km²，水库建于 1957 年，总库容 1.2 亿 m³，属大（2）型水库。设计洪水标准为百年一遇，校核洪水标准 2000 年一遇，设计最大泄量 335m³/s。

对于大型水库，可以考虑提高其汛限水位的办法提高洪水资源可利用量。根据水库防洪调度方式及判别条件，按照水库的具体情况正确考虑与水库调洪有关的各种因素，尝试将整个汛期进行分期，并对各个分期分别拟定分期汛限水位。通过对历史洪水调洪演算，在满足约束条件的前提下，尽可能抬高汛限水位。分析水库洪水资源利用最大对应的汛限水位，以提高汛限水位后，水库多年平均增加的蓄水量作为大型水库的洪水资源可利用量。通过分析计算，连云港市三座大型水库共约 13640 万 m³，具体见表 4.7。

表 4.7　　　　　　连云港三座大型水库洪水资源可利用量计算　　　　　单位：万 m³

序　号	大型水库名称	抬高汛限水位后洪水资源可利用量
1	石梁河水库	11124
2	小塔山水库	1728
3	安峰山水库	788
4	合计	13640

对于中型水库，可以通过合理的优化调度措施，在汛期可以考虑多蓄洪水用于兴利。因此，考虑在汛末将水库水位蓄到防洪高水位，结合中型水库除险加固后的特征水位资料，将防洪高水位与正常蓄水位之间的库容作为洪水资源可利用量，并考虑一年内的复蓄两次估算多年平均洪水资源可利用量。连云港市现有中型水库 8 座，其洪水资源可利用量为 5998 万 m³，具体计算结果见表 4.8。

表 4.8　　　　　　连云港八座中型水库洪水资源可利用量计算

序号	中型水库名称	正常蓄水位/m	汛限水位/m	防洪高水位/m	总库容/万 m³	兴利库容/万 m³	防洪库容/万 m³	洪水资源可利用量/万 m³
1	八条路	32.00	31.50	32.45	2310	1473	1115	670
2	西双湖	32.00	32.00	32.19	1760	1211	625	1986
3	房山	10.00	9.50	10.61	2561	1156	1723	820
4	横沟	27.50	27.00	28.08	2459	1480	1914	776
5	羽山	48.00	49.00	49.52	1278	1180	198	620
6	贺庄	38.50	38.00	39.18	2654	1211	1737	256
7	昌梨	48.50	47.50	49.23	2111	1405	1365	638
8	大石埠	50.00	49.00	52.00	2217	515	1981	232
9	合计				17350	9631	10658	5998

由上述计算成果得知，连云港现有大中型水库多年平均可利用洪水资源量为 1.9638 亿 m³。

4.3.2　连云港市现有河网洪水资源可利用量估算

连云港市地处淮河流域沂沭泗河下游，辖区分属沂河水系、沭河水系和滨海诸小河水系。灌南、灌云县和市区东南部属沂河水系，东海县、市区大部和赣榆县西南部分地区属沭河水系，赣榆县其他大部地区属滨海诸小河水系。境内现有骨干河道82条，其中，流域性河道4条，即新沂河、新沭河、沭河及通榆河。

为了充分利用汛期洪水资源，可以考虑在汛期充分利用河道两岸的水闸和泵站，通过合理的泵闸调度，蓄存汛期洪水资源量。对于没有建闸站控制的行洪河道，其过境洪水可利用量为零；对于有闸站控制的行洪河道，汛期的来水量和闸站的取水规模决定了汛期过境洪水资源的可利用量，根据闸站取水口的年取水设计规模，乘以汛期占全年的时间，得到汛期的取水规模，以此作为河道的洪水资源可利用量。将所有行洪河道的洪水资源可利用量汇总得到现有河网的洪水资源可利用量。

通过调查连云港51条骨干河道，统计各条河道的水闸泵站数量以及取水规模，结合汛期来水情况分析估算连云港市现有河道过境洪水资源可利用量为33741万 m³，具体见表4.9。

表 4.9　　　　　　连云港市现有河网洪水资源可利用量估算

序号	河道名称	河道长度/m	闸站数量	过境洪水资源可利用量/万 m³
1	新沂河	68.58	7	722
2	新沭河	45	22	2000
3	蔷薇河	50.7	63	9368
4	善后河	32.25	5	1333
5	盐河	73.49	18	933
6	一帆河	26.7	19	8
7	叮当河	23.7	55	3533
8	枯沟牛墩界圩河	42.8	38	4040
9	车轴河	60.25	13	5000
10	东门五图河	55.7	25	1433
11	西护岭河	11.1	7	1933
12	云善河	11	3	1867
13	滂沟河	22	7	143
14	卓王河	12	3	9
15	官沟河	16	21	133
16	小鸭河	5.8	3	167
17	三里河	5.3	3	33
18	石安河	55	148	150
19	龙王河	27.5	12	267
20	绣针河	8.1	8	333
21	兴庄河	27.5	25	333
22	合计	680.47	505	33741

4.4　新建水库、湖泊雨洪资源可利用量估算

连云港市有条件新建水库湖泊主要有：新建蔷薇湖蓄水、新沭河下游新建三洋港平原水库、新建东温庄水库、新沂河北岸新建大兴平原水库、新沭河北岸新建大新平原水库、善后河上新建圩子口河道型水库、龙王河梯级水库等。

对于新建水库、湖泊，以水库或湖泊的多年平均设计供水量作为其多年平均雨洪资源可利用量。

4.4.1　新建蔷薇湖

为充分利用蔷薇河过境洪水，可考虑在蔷薇河与东站引河之间的东西长约4km、南北宽约800m，南北长约4km的圩地新建蔷薇湖。该湖建成后，可蓄存汛期洪水，缓解市区供需矛盾，也可以作为连云港市应对突发水污染事故的理想后备水源。

1. 水库概况

蔷薇湖位于蔷薇河下游最末端，地处蔷薇河、东站引河之间，范围西至蔷薇河东堤、东至东站引河西堤，南至蔷薇河与东站上游引河连接处，北至蔷薇河与东站引河连接处。

蔷薇湖地属暖温带与北亚热带的过渡区，降雨时空分布不均，降水量时空分布不均，降水量68%集中在汛期6—9月，多年平均汛期降雨量608.2mm，非汛期降水较少，加之地面径流拦蓄能力低，可供利用的水量约10亿 m^3，人均水资源占有量约为400m^3，仅为全国人均占有量的1/6。

蔷薇河是沂北沭南地区一条重要的防洪、排涝和供水河道，兼有通航功能，流域面积1839km^2，其中圩区面积772.4km^2。连云港境内自蔷薇河地涵至临洪闸全长50.33km，主要支流有民主河、马河、淮沭新河、鲁兰河和乌龙王河。蔷薇河沿线多为平原，地面高程在2.30～5.00m。

2. 工程任务及规模

新建蔷薇湖需满足市区饮用水供应，提高连云港市区供水及水质的保证率，兼顾城市生态环境景观建设等要求，设计防洪标准按50年一遇。在突发情况下，可利用水量需满足远期市区用水1个月的要求，水质满足饮用水标准要求。研究确定水源地保护、工程调度运用和管理方案。

蔷薇湖补水水源为蔷薇河水，库区最高蓄水位高于蔷薇河正常蓄水位，需在湖区上游新建补湖翻水站，在湖区下游新建退水闸，以满足水库补水、湖水置换、湖区降雨退水的要求。蔷薇湖湖堤为现蔷薇河东堤、东站引河西堤，现状堤顶高程7.5～8.3m，堤顶宽度6～8m。在突发情况下，蔷薇湖蓄水需要满足远期市区生活用水1个月的要求，现状湖堤所围库容不能满足该要求，可通过挖深库

区、加固湖堤以抬高蓄水位的办法，满足库容设计要求。最高蓄水位、湖区开挖深度直接影响水库库容、土方量和工程投资。根据蔷薇河市区段 50 年一遇设计洪水位，确定水库最高蓄水位为 6.50m，湖堤顶高程 9.00m，设计开挖湖底高程 -1.00m，最大蓄水深度 7.5m，蓄水面积 264hm²，总库容 1864 万 m³，工程等别为Ⅲ等，湖堤堤防级别为 3 级，设计防洪标准为 50 年一遇。补湖翻水站（闸）、退水闸等主要建筑物级别为 3 级，设计防洪标准为 50 年一遇，校核防洪标准为 300 年一遇。新建蔷薇湖主要内容包括开挖湖区、填筑湖堤、湖心岛，新建补湖站（闸）、退水闸、蔷薇河挡潮闸、310 国道桥涵，移民征迁和水土保持工程，配套建设供水涵闸和取水口、水文水质监测和管理设施、自动化监控及信息化管理设施、环境保护设施等。

3. 洪水资源利用

蔷薇湖建成后，总库容 1864 万 m³，汛期，可通过调度方式，对洪水资源进行蓄存，增加的水量可供市区工农业、居民生活及生态用水，特别是可作为市区的应急水源进行储备。蔷薇湖最高蓄水位为 6.50m，兴利库容为 1640 万 m³，按兴利库容估算蔷薇湖供水量，以此作为蔷薇湖的洪水资源可利用量，则蔷薇湖可蓄存的洪水资源可利用量为 1640 万 m³。

4.4.2　新建三洋港平原水库

为了充分利用新沭河和蔷薇河的过境洪水，可考虑在太平庄闸、临洪闸以下，三洋港挡潮闸以上新建三洋港平原水库。结合东调南下的三洋港挡潮闸工程，通过对闸上游临洪河的整治和疏浚，使临洪闸至三洋港之间 15km 河槽拦蓄淡水，从而形成一个从太平庄闸、临洪闸到三洋港挡潮闸之间的平原水库，以充分利用洪水资源。

1. 水库概况

三洋港挡潮闸位于江苏省连云港市区，沂沭泗水系主要入海河道新沭河入海口处。水系发源于沂蒙山区，由沂河、沭河和泗河组成。

新沭河为分泄沂沭河洪水的入海河道，西起沭河大官庄枢纽新沭河泄洪闸，向东入石梁河水库，出库后东流至临洪河口入海，河道全长约 80km，区域面积 2850km²。

新沭河区内农业、海洋、矿产等资源丰富，是国家重要的农副产品生产基地。改革开放以来，国民经济持续、稳定、健康发展。

2. 工程任务及规模

三洋港挡潮闸枢纽的工程措施，将沂沭河上游洪水尽量就近东调入海，腾出骆马湖、新沂河的部分蓄洪能力，接纳南四湖南下洪水，以提高沂沭泗河中下游地区的防洪标准，为地区经济社会可持续发展提供防洪除涝保障和水资源供水能力，其主要工程任务如下：

（1）防止扩挖的河道被海潮挟带的泥沙淤积，保护河道扩挖的成果。挖河建闸可以防止太平庄闸—三洋港闸之间河道的淤积，仅在三洋港挡潮闸下存在淤积；但三洋港闸下的淤积具有易淤易冲的特点，对河道行洪影响小。因此，三洋港挡潮闸建成以后，虽然在闸下有淤积，但是对保护河道扩挖的成果，促进防洪安全具有显著效果。

（2）降低滩地糙率，提高河道行洪能力。大浦闸以下的右侧滩地建立 $3km^2$ 的自由式人工湿地，削减大浦河排入新沭河的污染物负荷，使大浦河污水到达入海口之前就达到控制标准；三洋港闸以下滩地清障后作为行洪通道不得耕种和开发。因此可以达到降低滩地糙率、节约清障费用、提高河道行洪能力、降低实际洪水位。

（3）改善排涝条件，节约运行费用。三洋港挡潮闸建成后蔷薇河地区自排能力增加，减少抽排时间，节约排涝运行费用，新沭河下段河道不再受潮水位影响，因此减少泵站拍门、检修门的金属部分及泵体主要金属部件的修饰，延长设备使用寿命。

（4）拦蓄淡水、沟通南北交通，促进当地经济发展。三洋港挡水闸建成后，为挡潮防淤，可在闸上形成一个水面面积达 490 万 m^2，一次性蓄水量超过 1560 万 m^3 的河道蓄水型中型水库，一次性可用水量超过 1350 万 m^3。根据《连云港市城市总体规划（2008—2030）》，拟将太平庄闸至三洋港闸之间的河道作为新的水源地，主要供水范围是范河流域中下游平原地带及新沭河两岸滩地农业用水，同时作为连云港临港产业区的生态用水水源地。因此，三洋港闸的新建，可为连云港这个严重缺水的城市提供十分珍贵的淡水资源。

（5）改善交通条件，促进港口发展。连云港港口是综合性大型沿海商港，由于沿海没有高等级公路制约了连云港港口的发展，三洋港闸兴建后，可以连接 242 省道形成沿海大通道，可促进港口和区域经济的发展。

三洋港平原水库工程规模为：

（1）防洪规模。当新沭河发生 50 年一遇洪水，上游来量 $6400m^3/s$，并遇 20 年一遇潮位时，三洋港挡潮闸的最大下泄流量为 $6482m^3/s$，最小下泄流量为 $6309m^3/s$；当石梁河水库 100 年一遇下泄流量为 $7000m^3/s$ 时，并遇 20 年一遇潮位时，三洋港挡潮闸的最大下泄流量为 $7075m^3/s$，最小下泄流量为 $6920m^3/s$。因此三洋港挡潮闸设计流量仍采用 $6400m^3/s$，校核流量采用 $7000m^3/s$。

（2）排涝规模。三洋港挡潮闸不但要满足防洪要求，还要满足排涝要求，根据《三洋港挡潮闸可行性研究报告》，设计排涝标准为 10 年一遇，经计算 10 年一遇排涝流量为 $2296m^3/s$；为了在三洋港挡潮闸建成后实现清污分流，需要在新沭河右岸滩地上新开辟一条排水通道，排水通道采用大浦河流域非汛期 5 年一遇设计洪水（最大 24h 设计洪峰流量为 $67m^3/s$）作为设计标准。

3. 洪水资源利用

新沭河治理工程设计防洪标准为 50 年一遇，入海口（下段桩号 12＋850 处）水位为 20 年一遇潮位 3.51m；三洋港挡潮闸设计挡潮位为 3.90m，校核挡潮位为 4.08m；三洋港挡潮闸排涝标准为 10 年一遇，排涝时闸下水位采用 2 年一遇高潮位 2.63m，排涝过闸落差为 0.10m，排涝时闸上水位为 2.73m；排水通道排水时过闸落差为 0.10m，相应闸上水位为 1.53m；三洋港闸上滩地高程在 2.50m 左右，综合考虑排涝和滩地耕地的需要，闸上设计蓄水位取 2.00m。

三洋港挡潮闸建成后，闸上游将形成一个河川水库，水库面积约 7.5km²。汛期可充分利用水库蓄存洪水资源，以水库平均蓄水深度为 2m 估算三洋港平原水库蓄水量，则三洋港水库年平均可利用洪水资源量约为 1500 万 m³。拦蓄的洪水资源可向东海县、赣榆区及连云港临港产业区供水。

4.4.3 新建东温庄水库

赣榆区龙王河过境洪水较多，可以考虑新建水库充分利用上游的汛期来水，调节季节用水。通过选址分析，可新建东温庄水库，通过环岭干渠与小塔山水库沟通，实现水量上的调剂互补，对改善赣榆区西北部丘陵地区以及柘汪片区的缺水现状具有十分重要的意义。

1. 水库概况

东温庄水库位于赣榆区石桥镇东温庄村以北龙北干渠上。赣榆区地处江苏东北端海州湾畔，东临黄海，南襟连云港，是江苏省的北大门。全县山地、平原、滩涂各占 1/3，总面积 1402km²。赣榆区主要河流包括新沭河、范河、朱稽河、青口河、龙王河及绣针河，其普遍特点是：河系皆发源于西北部丘陵山区，流向东、南注入黄海，流程短、河槽浅窄，雨季洪涨、旱季断流，均为间歇性河流。

龙王河是赣榆区境内主要的流域性骨干河流，全长 75km，流域面积为 554.51402km²；赣榆区境内长 27.5km、区间流域面积为 123.51402km²。为利用龙王河水灌溉建石堰漫水闸拦蓄龙王河上游来水，同时兴建龙北灌区，灌区沿 13m 等高线建龙北干渠。龙北灌区灌溉范围包括龙王河以北、龙北干渠以东的石桥、海头等镇 8.00～12.00m 高程的部分或全部耕地；其中，拟建东温庄水库坝址以下段实际灌溉面积约 5000 亩。

龙北干渠为龙北灌区的引水干渠，西起石堠漫水闸上的渠首引水闸、东至柘汪镇盘古岭，途径金山、石桥、柘汪三镇，总长 26.8km，干渠沿线有支渠 35 条，支渠总长 179km、建筑物 80 座。

东温庄水库选址位于石桥镇东温庄村以北龙北干渠上，水库起点始于龙北干渠大温庄翻水站引渠入口下游约 1km 处，拟开挖龙北干渠约 3.8km 弯段建库蓄水；库区面积约 2.1km²。东温庄水库建成后坝址以上汇水面积为 19.4km²，其中通过龙北干渠引水入库的汇水面积约 16.6km²、直接入库的汇水面积约

2.8km²；龙北干渠库区以上渠段汇流区域主要为山地丘陵区。

2. 工程任务及规模

（1）地区社会经济发展状况。赣榆区位于苏鲁两省交界地带，地处经济较为发达的沿海地区。2016年全区总人口120.30万人，生产总值519.21亿元，其中第一产业为76.55亿元、第二产业为245.56亿元、第三产业为197.10亿元，年人均可支配收入20217元，农民人均纯收入14713元，曾被列入"全国最具投资潜力中小城市"百强县和"长三角最具投资价值县市"。

（2）工程任务。兴建东温庄水库工程，通过水库对径流进行调节、以丰补歉，充分合理的利用水资源，与通榆河北延送水工程配合运用、水源互济，最大限度地向赣榆北部沿海地区提供优质的工业和生活用水，提高供水保障、实现稳定供水，为赣榆区经济发展和人民生产生活条件的改善奠定物质基础。

东温庄水库工程的主要任务是为赣榆区柘汪片区及石桥镇、柘汪镇提供优质水源，兼顾防洪及龙北干渠沿线农田灌溉。东温庄水库以工业、生活供水为主，水库建成后不提高龙北干渠沿线灌溉条件，不扩大灌溉范围及灌溉面积，维持干渠沿线现状实际灌溉范围及灌溉面积不变（龙北灌区设计灌溉面积4.7万亩、有效灌溉面积4万亩、实际灌溉面积1.4万亩，东温庄水库坝址以下段实际灌溉面积约5000亩）。

3. 洪水资源利用

为充分合理利用水资源、缓解供水区的缺水局面，同时为保证引水自流入库、水库正常蓄水位需与龙北干渠正常运行高水位相配套，由此确定东温庄水库正常蓄水位为12.50m。

在水库正常蓄水位已确定的情况下，为充分利用水资源供水死水位应尽可能低。近期水库主要通过龙北干渠向下游送水，为保证自流避免提水，水库供水死水位需与龙北干渠渠道断面相适应，确定水库近期供水死水位与渠底持平，取为9.50m；远期水库规划通过管道利用库区与供水区高程自流送水，考虑水库淤积及库区沿线农田灌溉、生态景观等需水要求，按预留不小于1m深死库容控制，确定水库远期供水死水位为9.00m。考虑到东温庄水库入库年径流总量不确定性因素较多，条件许可时可加大入库径流量（来沙量也相应增大），结合龙北干渠渠底高程布置并考虑留有余地，确定水库开挖库底高程为8.00m。东温庄水库建成后，总库容953万m³，供水死库容195万m³，供水库容758万m³。因此，东温庄水库可蓄存洪水资源量为758万m³。

4.4.4 新建大兴平原水库

为了充分利用新沂河的过境洪水，可考虑在新沂河北岸的灌云县境内，圩丰镇、图河乡和灌西盐场之间，燕尾港公路以西、五图河以东、五灌河以北的三角形区域内，新建大兴平原水库。水库建成后的水面面积可达20km²以上，可在汛期引新沂河洪水供兴利使用。

1. 水库概况

大兴水库规划建于新沂河北岸灌云县境内，处在圩丰镇、图河乡和灌西盐场之间，位置可界定为东陬山—燕尾港公路以西、五图河以东、五灌河以北的三角形区域内，水面面积约 20km²。水库周边水系密布，主要河道包括流域性河道新沂河，区域性河道五灌河、五图河等。兴建大兴平原水库，调引汛期新沂河部分过境洪水，蓄存至水库，向燕尾港镇提供优质的生产生活用水，提高过境洪水资源利用率，为连云港市南翼临港产业的发展提供资源保障。

2. 工程任务及规模

新沂河是泗水和沂水经南四湖和骆马湖调蓄后下泄洪水入海的唯一通道，并分担沭河部分洪水入海，同时与淮沭新河相沟通，是沂沭泗地区主要排洪河道之一。1980—2009 年新沂河年均入海水量为 26.8 亿 m³，连云港境内河段拦蓄能力较差，入境水量即等于入海水量，洪水资源具备可观的开发利用潜力。因此，选择新沂河作为大兴水库的引水水源。

汛期，新沂河分泄上游 55000km² 的洪水，并承泄嶂山闸到沭阳河段 2322km² 的区间汇水，河道行洪压力较大。新沂河北偏泓尾水通道的设计流量为 50m³/s，南偏泓设计流量为 250m³/s，若各偏泓实际过流量超过其设计流量，则洪水将漫滩。据估算，若新沂河行洪流量低于 2000m³/s，则北偏泓漫滩的污水将对整个河道的水质造成一定的影响；若河道洪水流量超过 2000m³/s，则洪水冲污、稀释效果显著，污水对于整体水质影响不大，满足引水要求。

3. 洪水资源利用

大兴水库为平原水库，规划为在竖直方向筑坝或向下开挖所形成的蓄水场所，正常蓄水位与死水位之间的库容即为水库的兴利库容。大兴水库正常蓄水位为 2.47m，死水位为 0.61m。在汛期，可以通过水库调度，将水库水位从死水位调节到正常蓄水位，以此来蓄存洪水。大兴水库主要为燕尾港镇临港产业及灌云县农业生产、灌溉提供水源，水库年设计供水能力为 4800 万 m³。因此，大兴水库洪水资源可利用量为 4800 万 m³。

4.4.5 新建大新平原水库

为充分利用青口河过境洪水，可考虑在新沭河北岸的赣榆区境内青口盐场地域新建大新水库，边界线可界定为范河以北、老朱稽河以南、沭青干渠以东、新沭河以西的长方形范围内。东西长约 5km、南北宽约 4km，建成后的水面面积近 20km²。经估算，可利用洪水资源量约为 4800 万 m³。

4.4.6 新建埒子口河道型水库

埒子口是沂北地区洪涝水的入海口门之一，过境洪水资源丰富，可考虑埒子口水库。埒子口水库位于善后河闸下、待建的埒子口挡潮闸之间，属灌云县与台南盐场地域。善后河是一条高水河道，灌云境内的地表水不能自流入河，经过较长距离的河水自净，到达善后闸的河水水质较好，在闸下修建河道型水库，既可利用汛期过境洪水，也能在一定程度上解决埒子口长期存在的泥沙淤积问题，还能改善东部城区工业用水，使水资源的分布更趋合理。

1. 水库概况

埒子口位于连云港市区东南部，紧靠连云港市规划开发的徐圩片区南端，是沂北地区洪涝水的入海口门之一，其周边分布有善后河老闸、善后河新闸、烧香河老闸、车轴河闸、五图闸、土西闸等六座挡潮闸，其排水区域包括古泊善后河、车轴河以及烧香支河等流域，总流域面积为 1932km²，涉及连云港市的灌云县、连云港市区以及宿迁市的沭阳县。善南地区另一重要的排水通道是五灌河，流域面积 746km²，按五年一遇 3 日降雨 200mm 设计，其范围为东至盐场，西至叮当河，南至新沂河，北至车轴河以南。

埒子口水库主要是拦蓄古柏善后河流域、善南地区的径流。水库汇水区降雨产流利用实测降雨资料及降雨-径流关系进行推求。根据《江苏省洪水暴雨图集》附图二十四所附"苏北旱地次降雨径流关系曲线图"曲线推求，经计算，水库汇水区面积约为 1135.4km²，多年平均降水量为 906.5mm，多年平均径流深为 216.1mm，坝址处多年平均年径流量为 2.45 亿 m³，多年平均流量为 7.78m³/s。

本区域暴雨集中在 6—9 月，受台风影响，东部沿海地区常出现台风暴雨，其暴雨的天气系统主要是切变线、低涡、低空急流和台风。西太平洋副热带高压对本区汛期的降水影响很大。

2. 工程任务及规模

埒子口水库开发方案为埒子口一带建闸坝，坝址处兴建一座节制闸，排善后河和善南地区涝水，坝址处以上埒子口内（以海堤为界）新建淡水水库，拦蓄古柏善后河流域、善南地区的径流。坝址以上埒子口内土方开挖，结合徐圩片开发弃土于埒子口北侧徐圩片内。

该方案主要工程措施包括：①新建节制闸一座；②新建大坝以上埒子口内新建水库；③在善后河新闸闸下建坝。

对善后河闸下游至埒子口一带地形地貌特征综合考虑，在善后河新闸闸下11km 处建坝，此方案只需沿善后河修建闸坝，坝长约 120m，工程量及工程投资大大减小。

3. 洪水资源利用

考虑到排涝的需要，埒子口水库正常蓄水位通燕尾港闸上设计水位，为1.50m，且水库不考虑防洪要求。埒子口水库库底高程根据埒子口诸闸兴建以前河槽的底高程确定，为 -5.00m。

死水位为水库在正常运用情况下，允许消落到的最低水位，死水位与库底高

程之间的库容为死库容，埒子口水库死库容为 20 万 m³，则水库死水位为
—4.90m。

在汛期，可以通过水库调度，将水库水位从死水位调节到正常蓄水位，以此
来蓄存洪水，基于埒子口水库逐月径流量以及逐月水量损失计算成果基础上，结
合供水片区水资源需求，对水库进行逐月水量平衡计算，推算水库逐月可供水
量，埒子口水库年供水能力为 2520 万 m³，因此，埒子口水库可利用洪水资源量
为 2520 万 m³。

4.4.7 新建新沭河梯级水库

新沭河过境洪水较多，可考虑新建新沭河梯级水库拦蓄过境洪水。新沭河梯
级上起山东大官庄闸，下至临洪入海口，全长 80km，其中大官庄闸至石梁河水
库长 20km，至石梁河水库库区 15km，石梁河水库泄洪闸至入海口 45km。境内
新沭河分四级节制，即石梁河水库、蒋庄漫水闸、太平庄闸、三洋港挡潮闸四级
节制，其中石梁河水库泄洪闸下至蒋庄漫水闸上常年可拦蓄水量为 2000 万 m³，
可向东海县的黄川、浦南和赣榆区的沙河、墩尚、罗阳等乡镇供水；太平庄闸上
河段常年可拦蓄水量为 1500 万 m³，供赣榆区东南部部分乡镇用水。

境内的新沭河通过石梁河水库、蒋庄漫水闸、太平庄闸、三洋港挡潮闸四级
节制后，常年总蓄水量将达 3.97 亿 m³，扣除死库容，可利用水量达 3.63
亿 m³。

拦蓄的洪水量可向东海县、赣榆区及连云港港区供工农业和部分生活、生态
用水。

4.4.8 新建青口河梯级水库

为了充分利用青口河过境洪水，可考虑新建青口河梯级水库。青口河发源于
山东省莒南县，流经洙边、黑林、小塔山水库、青口，于下口处向东入黄海，全
长 64km，其中从小塔山水库坝下至入海口长约 28km。境内青口河分六级节制，
即小塔山水库、瞿沟陡坡、邵庄陡坡、沙河子漫水闸、青口河漫水闸、青口河挡
潮闸六级节制，其中，小塔山水库坝下至瞿沟陡坡可拦蓄水量为 300 万 m³，供
塔山和城头镇农业灌溉用水；瞿沟陡坡至邵庄陡坡可拦蓄水量为 1000 万 m³，供
城头、城西和赣马等镇农业灌溉用水；邵庄陡坡至沙河子漫水闸可拦蓄水量为
150 万 m³，供司坞水厂向赣马镇供生活用水；沙河子漫水闸至青口河漫水闸可
拦蓄水量为 200 万 m³，供沿线青口镇农业灌溉及县城生态用水；青口河漫水闸
至青口河挡潮闸可拦蓄洪水满足航运等需求。

境内青口河通过小塔山水库、瞿沟陡坡、邵庄陡坡、沙河子漫水闸、青口河
漫水闸、青口河挡潮闸六级节制，常年可拦蓄洪水为 1.325 亿 m³，扣除死库容，
可利用水量达 1.31 亿 m³。

拦蓄的洪水量可向赣榆区青口河沿线乡镇供农业灌溉、生活及县城生态

用水。

4.4.9　新建龙王河梯级水库

龙王河在汛期承接上游山东过境洪水，是赣榆区北部地区的主要水系，可考虑新建龙王河梯级水库拦蓄过境洪水。龙王河是一条跨界河流，源自山东省莒南县五莲山南麓，经柿子树、相抵水库、壮岗，流入江苏省赣榆区境内，经金山镇的石堰、朱汪，至海头镇的龙王庙，于朱蓬口入黄海。龙王河汛期防洪压力较大，若采用传统坝型则会减缩河道行洪断面，对河道安全行洪造成影响，经分析龙王河河道内较合适梯级坝。

1. 水库概况

龙王河是赣榆区北部地区的主要水系，因河道蜿蜒曲折，形似龙蛇而得名。龙王河是一条跨界河流，源自山东省莒南县五莲山南麓，经柿子树、相抵水库、壮岗，流入江苏省赣榆区境内，经金山镇的石堰、朱汪，至海头镇的龙王庙，于朱蓬口入黄海，全长 75km，流域面积 554.5km²。其中山东省境内长 47.5km，流域面积 431km²，赣榆区境内长 27.5km，流域面积 123.5km²。

山东相邸水库位于金山石埝闸上游 31.8km 处，控制面积 120km²，分流 400m³/s 入龙王河，金山石堰闸下游 1500m 处有塔山水库分洪道汇入，汇入流量 500m³/s，入海口 1000m 处有官庄河汇入。

龙王河流域地形西北高东南低，弯曲蜿蜒。上龙王河源于高山、大岭，白石头漫水桥以上地面坡度陡，岩石多系风化岩，地下水奇缺，白石头漫水桥以下地面平缓，河道弯曲，宽窄不一，河槽一般宽 300~400m，深 3~4m，堤防单薄，实际排洪能力不足 2000m³/s。游源高流急，沙多洪大；下游海潮顶托，宣泄不畅。

2. 工程任务及规模

龙王河梯级水库是利用龙王河和已建的石埝漫水闸，增做防洪调水工程，可具备向赣榆区供水条件，为赣榆区经济发展提供水资源保障。该水库供水面积为龙王河两岸约为 400km²，通过该工程向赣榆区及其周边地区供水，保证了赣榆区农业工业生产需水要求。

龙王河梯级水库供水区内人口约为 27 万人，耕地 25.5 万亩。供水区内有赣榆区、汪临港产业区、赣榆经济开发区和一大批重要的工矿企业。工程实施后，可使供水区内的防洪标准由目前的低标准拦河低坝提高到 20 年一遇；使赣榆区和工矿企业的防洪条件得到较大改善。同时，解决赣榆区城乡发展生活、生态、工业、港口及临港产业所需供水量，满足目前和今后农业灌溉及城市发展的用水要求。

龙王河水库为四级开发方案。一级坝为石埝闸，位于金山镇；二级坝为宅基闸，位于宅基附近；三级坝为龙王庙闸，位于龙王庙处；四级坝为龙王河挡潮闸，位于龙王河入海口。该方案充分利用龙王河近 20m 落差优势，下一级水库即洄水至上一级坝址处，同时在坝址选址时尽可能满足环岭干渠、龙南干渠的取水需要。

3. 洪水资源利用

龙王河水库的洪水范围为龙王河两岸占地面积约 $400km^2$，龙王河经过四级开发后，可形成总库容约 0.37 亿 m^3 的梯级水库，年供水能力约为 5200 万 m^3，因此，龙王河梯级水库在可利用洪水资源量为 5200 亿 m^2。

连云港市新建水库湖泊洪水资源可利用量汇总情况见表 4.10。

表 4.10　　　　连云港市新建水库湖泊洪水资源可利用量汇总情况　　　　单位：万 m^3

序号	新建水库湖泊名称	洪水资源可利用量
1	蔷薇湖	1640
2	三洋港平原水库	1500
3	新建东温庄水库	758
4	大兴平原水库	4800
5	大新平原水库	4800
6	埒子口河道型水库	2520
7	新沭河梯级水库	3500
8	青口河梯级水库	1650
9	龙王河梯级水库	5200
10	合计	26368

4.5　连云港市雨洪资源可利用总量估算及分配

4.5.1　连云港市雨洪资源可利用总量

综合以上分析计算，连云港市多年平均雨洪资源可利用量为 10.26 亿 m^3，见表 4.11。

表 4.11　　　　　　连云港市多年平均雨洪资源可利用量　　　　　　单位：亿 m^3

序号	雨洪资源	雨洪资源利用方式	可利用的洪水资源量
1	城市雨水	城市雨水利用工程	2.29
2		现有水库	1.96
3	过境洪水	现有河道	3.37
4		新建水库湖泊	2.64
5		小计	7.97
6	合　计		10.26

4.5.2　连云港市雨洪资源可利用量分配

上述连云港市多年平均雨洪资源可利用总量还需进一步按照生活、农业、工业和生态用水进行分配。2007 年 12 月，水利部发布了《水量分配暂行办法》，指出水量分配是在统筹考虑生活、生产和生态与环境用水的基础上，将一定量的水资源作为分配对象，向行政区域进行逐级分配，确定行政区域生活、生产的水量份额的过程。且第六条明确指出水量分配应当以水资源综合规划为基础。根据《水量分配暂行办法》，结合连云港市部分地区严重缺水等特点可先按区县分配，再按生活、生产、生态环境用水分配，如图 4.2 所示。

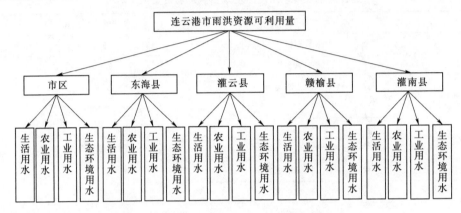

图 4.2　连云港市雨洪资源可利用量分配图

根据连云港市雨洪资源利用方案，考虑供水分区和供水范围，对各分区内的雨洪资源可利用量进行统计，连云港市各行政分区雨洪资源可利用量统计情况见表 4.12。

表 4.12　　　　　连云港市各行政分区雨洪资源可利用量统计情况

行 政 分 区	雨洪资源可利用量/万 m³	比例/%
市区	34647	33.8
赣榆区	16488	16.1
东海县	22890	22.3
灌云县	28250	27.4
灌南县	361	0.4
合计	102636	100

由表 4.12 可知，连云港市雨洪资源可利用量按行政区域分配的结果中，连云港市区比重最大，为 33.8%，主要是因为城市雨水资源可利用量有 2.29 亿 m³，若扣除城市雨水资源可利用量，则市区过境洪水资源可利用量为 1.17 m³，占总

过境洪水资源可利用量的 14.7%。过境洪水资源可利用量最多的为东海县，达
到 22890 万 m³，占总雨洪资源可利用量的 22.3%，占过境洪水资源可利用量的
28.7%，主要是因为东海拥有两座大型水库——石梁河水库和安峰山水库，另外
有七座小型水库，众多的水库让东海县的过境洪水资源可利用量较为丰富。灌南
县雨洪资源可利用量最少，占 0.4%，主要是因为该县河网发达，但水库较少，
缺乏调蓄能力，过境洪水不能充分利用。连云港市各行政分区的雨洪资源可利用
量所占比例见图 4.3。

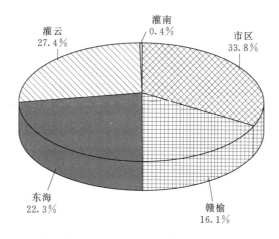

图 4.3　连云港市各行政分区的雨洪资源可利用量示意图

　　根据各分区内生活、工业、农业和生态环境用水量、用水优先次序和缺水程
度等因素，确定各类用水的分配系数，将连云港市多年平均雨洪资源可利用总量
进一步按照生活、农业、工业和生态环境用水进行分配。连云港市雨洪资源可利
用量分配情况见表 4.13。

表 4.13　　　　　　　　连云港市雨洪资源可利用量分配情况

用水类别	市区		赣榆区		东海县		灌云县		灌南县		总计 /万 m³	比例 /%
	分配量 /万 m³	比例 /%	分配量 /万 m³	比例 /%	分配量 /万 m³	比例 /%	分配量 /万 m³	比例 /%	分配量 /万 m³	比例 /%		
生活用水	9320.0	26.9	1797.2	10.9	1281.8	5.6	2260.0	8	24.5	6.8	14683.5	14.3
工业用水	12091.8	34.9	3000.8	18.2	1762.5	7.7	2457.8	8.7	34.7	9.6	19347.6	18.9
农业用水	12854.0	37.1	11591.1	70.3	19250.5	84.1	21837.3	77.3	283.0	78.4	65815.9	64.1
生态环境用水	381.1	1.1	98.9	0.6	595.1	2.6	1695.0	6	18.8	5.2	2788.9	2.7
总计	34647	100	16488	100	22890	100	28250	100	361	100	102636	100

　　由表 4.13 可以看出，各类用水分配比例为生活用水 14.3%、工业用水

18.9％、农业用水 64.1％、生态环境用水 2.7％。连云港市雨洪资源可利用水量主要用于农业用水，占 64.1％。连云港市各类用水分配雨洪资源可利用量所占比例如图 4.4 所示。

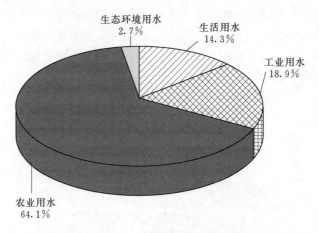

图 4.4　连云港市各类用水分配雨洪资源可利用量所占比例示意图

第5章 连云港市雨洪资源利用效益分析

雨洪资源利用效益是指采用各项措施后新增的水资源量产生的直接和间接效益，例如，促进工农业生产、提高居民生活标准、改善生态环境等。本章利用 C-D 生产函数法、能值分析法、生态环境用水效益分摊系数法、水价法分别计算工业用水效益、农业用水效益、生态环境用水效益和生活用水效益，并计算和分析雨洪资源利用多年平均效益。

5.1 工业用水效益计算

5.1.1 基于 C-D 生产函数的工业用水效益量化方法

工业用水效益，也可称为工业供水效益，指用于工业生产的这部分水资源为国民经济做出的贡献，通常用单位水资源所获得的工业增加值或平均每单位水资源创造的工业价值来表示。通过洪水资源利用为工业生产增加的效益，即为利用洪水资源的工业用水效益。影响工业用水效益的因素众多而复杂，本文已在第 2 章列举了目前生产实践中较为常用的工业效益计算方法及其优缺点。为克服常用方法中存在的分摊系数难以确定，非水因素回报难以测量以及受科技进步、政府政策及非优化投资影响的缺陷，本文将经济学中的生产函数理论应用于洪水资源的工业用水效益计算。

柯布-道格拉斯生产函数（Cobb-Douglas Production Function），通常简称为 C-D 生产函数，是经济学中使用最为广泛的生产函数。它由美国数学家柯布（C. W. Cobb）和经济学家道格拉斯（P. H. Douglas），根据 1899—1922 年间美国制造业的有关生产数据构造得到的。两人共同探讨投入和产出的关系时，在生产函数的一般形式上引入了技术资源因素，于 1928 年提出了这一函数形式。他们认为，在技术经济条件不变的情况下，投入的资本和劳动力与产出的关系可以用如下函数形式表示：

$$Q = AK^{\alpha}L^{\beta} \tag{5.1}$$

式中：Q 为所能生产的最大产量；K 为投入的资本；L 为投入的劳动力；α 为资本弹性，其含义为当生产资本增加 1% 时，产出平均增长 α%；β 为劳动力弹性，其含义为当投入生产的劳动力增加 1% 时，产出平均增长 β%；A 为常数，一般称为效率系数。

C-D 生产函数有如下特征：

（1）资本和劳动力都是生产中不可缺少的因素，如果其中一个为零，则产出为零。

（2）边际产量为正值。

资本的边际产量：　　　$\partial Q/\partial K=\alpha AK^{\alpha-1}L^{\beta}=\alpha Q/K(>0)$

劳动力的边际产量：　　$\partial Q/\partial L=\beta AK^{\alpha}L^{\beta-1}=\beta Q/L(>0)$

（3）规模报酬由 $\alpha+\beta$ 的值决定。生产函数中，$\alpha+\beta$ 成为规模弹性，当 $\alpha+\beta>1$ 时，规模报酬递增；当 $\alpha+\beta=1$ 时，规模报酬不变；当 $\alpha+\beta<1$ 时，规模报酬递减。

5.1.2　基于 C-D 生产函数的工业用水效益计算

C-D 生产函数法计算工业用水效益的基本思路为：通过构造以工业用水为投入要素的 C-D 生产函数，利用用水量引起工业总产值的变化，即通过用水弹性求出工业用水效益。本文在构建考虑工业用水的生产函数，介绍工业用水弹性及折算弹性概念的基础上，提出了基于 C-D 生产函数的工业用水效益计算方法。

5.1.2.1　考虑工业用水的 C-D 生产函数构建

生产函数中投入-产出的依存关系普遍存在于各种生产过程中，供水范围内的工业企业亦存在生产函数。在工业生产上，工业的产出一般为工业总产值，其投入包括固定资产、劳动力、原材料、燃料、动力、电力和水。不同的生产过程中，不同的投入因素有着不同的重要性，其中固定资产和劳动力是任何行业都必不可少的投入要素，是生产函数中基本的投入组合。在计算工业用水效益时，只需考虑工业水对工业生产的影响，其他投入不做研究，因此，可将水作为第三种投入列入生产函数投入组合之中。由此，参考 C-D 函数形式，考虑工业用水的 C-D 生产函数可表示为

$$Q=AK^{\alpha}L^{\beta}W^{\lambda} \tag{5.2}$$

将上式取自然对数，使其线性化，即可转化为

$$\ln Q=\ln A+\alpha\ln K+\beta\ln L+\lambda\ln W \tag{5.3}$$

式中：Q 为工业总产值；A 为效率系数；K 为工业固定资产；L 为工业劳动力；W 为工业用水量；α 为固定资产弹性；β 为劳动力弹性；λ 为用水弹性。

5.1.2.2　工业用水弹性

在经济学中，弹性表示作为因变量的经济变量的相对变化对作为自变量的经济变量的相对变化的灵敏程度，用因变量的相对变化与自变量的相对变化的比表示，即

弹性＝因变量的相对变化/自变量的相对变化

若用 $Y=f(X)$ 表示两个经济变量之间的函数关系，用 ΔX，ΔY 分别表示变量 X，Y 的变化量，用 e 表示弹性，则可得到如下弹性公式：

$$e=\frac{\Delta Y}{Y}\Big/\frac{\Delta X}{X}=\frac{\Delta Y}{\Delta X}\frac{X}{Y} \tag{5.4}$$

通常将上式得到的弹性称为弧弹性。

若经济变量的变化量趋于无穷小，那么弹性便可表示为因变量的无穷小的变化率与自变量的无穷小的变化率之比，即当上式中 ΔX，ΔY 均趋于零，则弹性公式可表示如下：

$$e = \lim_{\Delta X \to 0} \frac{\Delta Y}{Y} \Big/ \frac{\Delta X}{X} = \frac{\mathrm{d}Y}{Y} \Big/ \frac{\mathrm{d}X}{X} = \frac{\mathrm{d}Y}{\mathrm{d}X} \frac{X}{Y} \qquad (5.5)$$

上式所得弹性一般称为点弹性。

为求得工业用水弹性，对生产函数求偏导数，有

$$\frac{\partial Q}{\partial W} = A K^{\alpha} L^{\beta} \lambda W^{\lambda-1}$$

$$= A K^{\alpha} L^{\beta} W^{\lambda} \frac{\lambda}{W} \qquad (5.6)$$

$$= Q \frac{\lambda}{W}$$

则有用水弹性：

$$\lambda = \frac{\partial Q}{Q} \Big/ \frac{\partial W}{W} \qquad (5.7)$$

由前所知，上式得到的弹性为用水点弹性，而在实际计算中，通常能得到的数据为用水量的年际实际变化量 ΔX，和与其相对应的工业总产值变化 ΔQ，因此，弧弹性更贴近实际计算需求，根据点弹性公式可得到弧弹性公式如下：

$$\lambda = \frac{\Delta Q}{Q} \Big/ \frac{\Delta W}{W} \qquad (5.8)$$

5.1.2.3 折算用水弹性

在构造的考虑工业用水的 C-D 生产函数 $Q = A K^{\alpha} L^{\beta} W^{\lambda}$ 中，将 $\alpha+\beta+\lambda$ 称为规模弹性，其特点如下：

$\alpha+\beta+\lambda=1$ 时，规模报酬不变；

$\alpha+\beta+\lambda>1$ 时，规模报酬递增；

$\alpha+\beta+\lambda<1$ 时，规模报酬递减。

工业产值的增长与工业用水、固定资产投入及劳动力投入有关，根据生产函数特点可知，只有当规模报酬不变，即 $\alpha+\beta+\lambda=1$ 时，各要素投入的变化对产出的贡献之和才等于产出的增长。当规模报酬变化时，会产生规模弹性效应，即当规模报酬递增时，产出的增长还包含了如技术进步等其他因素的影响；当规模报酬递减时，产出的增长同样包含了未知因素的影响。

同样，当考虑用水弹性计算工业用水对工业总产值的影响时，当规模报酬递增时，容易高估用水的贡献，反之则会低估用水的贡献，同时高估了其他因素的影响。为了正确估计工业用水对工业总产值的贡献，这里引入折算用水弹性 λ' 来消除

规模弹性的影响，在计算用水效益时，即采用折算用水弹性。λ' 可表示如下：

$$\lambda' = \frac{\lambda}{\alpha + \beta + \lambda} \tag{5.9}$$

式中：各符号含义同前。

5.1.2.4　工业用水效率计算步骤

第 1 步：构建考虑工业用水投入的 C-D 生产函数，并根据固定资产投资、劳动力、工业用水量及工业总产值，经过回归分析得出生产函数。

第 2 步：由式（5.8）和式（5.9）分别得出用水弹性 λ 及 λ'。

第 3 步：对工业用水求偏导数得出单位工业用水效益 B_w，根据以下公式求得洪水资源工业用水效益：

$$B_w = \frac{\partial Q}{\partial W} = \gamma' \frac{Q}{W} \tag{5.10}$$

$$E_{\text{工}} = B_w W_{\text{工}} \tag{5.11}$$

式中：$E_{\text{工}}$ 为洪水资源工业用水效益；B_w 为单位工业用水效益；$W_{\text{工}}$ 为洪水资源分配给工业用水的水量；其他符号含义同前。

5.1.3　连云港市工业用水效益计算

依据《连云港市统计年鉴》《连云港市水资源公报》及 wind 数据库，本书统计了连云港市 1997—2012 年间的生产函数所需的原始数据，见表 5.1。

表 5.1　　　　　　　　生 产 函 数 原 始 数 据

年　份	工业固定投资净值/亿元	工业总产值/亿元	劳动力/万人	重复用水量/亿 m³	取水总量/亿 m³	工业用水总量/亿 m³
1997	87.58	201.10	32.92	6.78	2.02	8.80
1998	89.98	228.64	27.48	6.89	2.05	8.94
1999	98.18	209.64	25.39	6.97	2.01	8.98
2000	96.33	229.19	23.99	7.11	2.13	9.24
2001	96.07	244.50	23.26	7.40	2.21	9.61
2002	99.12	288.38	25.01	7.45	2.24	9.69
2003	99.25	211.46	26.64	7.47	2.27	9.74
2004	94.22	288.20	28.99	7.33	2.36	9.69
2005	113.77	342.87	34.81	7.48	2.24	9.72
2006	146.78	463.25	41.97	7.43	2.43	9.86
2007	314.46	695.58	51.82	7.51	2.36	9.87
2008	520.19	973.98	54.08	7.59	2.54	10.13
2009	591.46	1314.27	60.84	7.53	2.34	9.87
2010	764.66	1936.28	63.12	7.58	2.31	9.89
2011	721.80	2630.53	66.38	7.65	2.44	10.09
2012	795.53	3413.38	74.11	7.72	2.43	10.15

由表中的数据，以工业固定资产投资、工业劳动力及工业用水量为自变量，把工业总产值作为因变量，取自然对数，用 eviews 软件对数据进行回归分析，得到连云港市工业用水效益的生产函数为

$$\ln Q = -4.133 + 0.753 \ln K + 0.532 \ln L + 0.803 \ln W$$

折算用水弹性 λ' 为

$$\lambda' = \frac{\lambda}{\alpha + \beta + \lambda} = 0.385$$

对工业用水量求偏导数，代入折算用水弹性，则可得到连云港市多年平均工业用水单方效益 $B_{工}$：

$$B_{工} = \frac{\partial Q}{\partial W} = \gamma' \frac{Q}{W} = 2.63 (元/m^3)$$

则洪水资源工业用水效益 $E_{工}$ 为

$$E_{工} = B_{工} W_{工} = 14.79 (亿元)$$

5.2 农业用水效益计算

农业灌溉效益是指在施灌条件下较不灌条件下农作物的增产值。目前，灌溉效益的计算方法主要有：分摊系数法、影子水价法、缺水损失法等，通常采用"分摊系数法"。

传统的计算效益分摊系数的方法，如统计法和灌溉试验法都没有考虑雨水、太阳光等自然环境对农作物生产的影响，既不能反映影响分摊系数的多种因素，也不能全面反映灌溉用水和设施在农作物生产中的作用和地位以及灌溉效益与农作物生产效益的相互关系，本课题提出计算灌溉效益分摊系数的一种新方法——用生态经济学的能值分析方法计算农业灌溉效益分摊系数，即将农作物生产系统中不同种类、不可比较的物质、能量、货币转换成同一度量标准的能值来核算农业生产系统的投入和产出，通过计算灌溉投入总能值与农作物生产系统投入总能值的比值得出农业灌溉效益分摊系数，结合各项能值指标分析农业灌溉效益。

5.2.1 利用能值理论分析研究农业灌溉效益

分析农业灌溉效益，首先需要计算灌溉效益分摊系数。能值法计算农业灌溉效益分摊系数是以农作物生产系统能值分析为基础，研究农作物系统生产过程投入、产出过程的能值流，将系统中不同种类、不可比较的能量转换成同一度量标准的能值来衡量，综合分析系统的能量流、物质流与货币流动态过程以及它们相互之间的关系，求得一系列反映生态与经济性能的能值综合指标，并加以汇总分析。

在农作物生产系统能值分析的基础上，计算生产过程中的农业灌溉总能值投入量和生产过程总能值投入量，并且定义两者之比为灌溉效益分摊系数，具体步骤包括：系统能值图的绘制、能值分析表的建立、分摊系数的计算以及灌溉能值指标体系的建立。

5.2.1.1　绘制农作物生产系统能值图

农作物生产系统的能值图以 Odum "能量系统语言" 即能值符号为基础，通过能值符号，把生态经济系统的各部分连接起来，并用简便的图解方法描绘整个系统的结构图，明确了系统的基本结构、系统内外的相互关系和主要生态流的方向，表现了农作物生产系统环境与经济主要成分的相互关系与能量流、物质流等相互作用。主要步骤包括：①界定农作物生产系统范围的边界，把系统内各组分及其作用过程与系统外的有关成分及其作用以四方框边界分开；②列出系统的主要能量来源，这些能源一般来自系统外，即绘在边界的外面。确定需列举的能源的原则，基本根据该能源占整个系统能源总量的 5% 以上，低于此者可忽略；③确定系统内的主要成分，列出各主要成分的过程和关系，包括主要的能值流与物质流及其他生态流；④以能值符号绘制能值图，明确系统内外各成分和生态流之间的相互作用关系。

5.2.1.2　建立农作物生产系统能值分析表

建立能值分析表主要是为了将收集到的有关研究对象的不同度量单位（J、g 或 m³）的生态流或经济流数据资料转换为能值单位（sej）统一衡量与分析，以便进行能值计算，具体通过以下公式计算：

$$EM = \tau B \tag{5.12}$$

式中：EM 为能值，sej；τ 为能值转换率，sej/J 或 sej/g；B 为能量或物质的质量，J 或 g。

能值分析将农作物生产系统的能、物流与价值流在太阳能值基础上有机地结合起来，概念清晰、方法简便，弥补传统算法的种种缺陷。

5.2.1.3　计算灌溉效益分摊系数

在能值分析表的基础上汇总农作物生产系统的能值投入和产出，包括农业生产系统投入总能值、农作物能值等，并建立农作物生产系统投入产出表，最后计算农业灌溉效益分摊系数及灌溉效益，计算表达式如下：

$$农业灌溉效益分摊系数 = \frac{农业灌溉投入总能值}{农作物生产系统投入总能值} \tag{5.13}$$

$$农业灌溉效益 = 灌溉效益分摊系数 \times 农作物生产系统产出总能值 \tag{5.14}$$

式（5.13）中的"农业灌溉投入总能值"不仅包括农业灌溉水资源本身的资产投入，还包括灌溉设施的投资，考虑到近几年我国农业灌溉技术水平不断提高，将农业技术水平看作灌溉设施投资的一项。也就是说，能值分析法将灌溉用水和灌溉设施的投入转换成统一的量纲，突破了传统方法在自然环境对农作物生产的影响方面的局限性，且考虑全面、合理。"农作物生产系统投入"包括太阳能、雨水化学能、灌溉用水等可更新环境资源，表层土损失不可更新环境资源，农业机械、电力、化肥等不可更新工业辅能以及人力、畜力、有机肥等可更新有机能。式（5.14）中，"农作物生产系统产出"主要是农产品。

5.2.2 能值法计算连云港市农业灌溉效益

5.2.2.1 绘制连云港市农作物生产系统能值图

根据连云港市农作物生产系统内外主要能量流、物质流、货币流的方向及其与农作物生产的关系，绘制连云港市农作物系统能值流程图（图5.1）。系统主要输入能值包括：①可更新自然资源：太阳能、雨水化学能、雨水势能、地球旋转势能，农业灌溉用水；②不可更新资源：表土层损失；③不可更新工业辅能：农业机械、电力、柴油、化肥、农膜、农药；④可更新的有机能：人力、蓄力、有机肥、种子。系统产出主要是农产品。

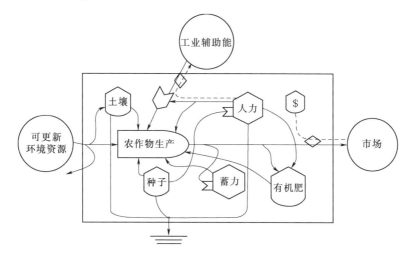

图5.1 连云港市农作物生产系统能值流程

为了便于分析系统的能值流，将能值图简化后得到能值综合图（图5.2），图中 EM 为农作物生产系统投入的可更新环境资源；EM_{Aw} 为农作物生产系统灌溉投入（包括灌溉用水和灌溉设施）；EM_{AN} 为农作物生产系统投入的不可更新环境资源；EM_{AR1} 为人类经济社会反馈投入农作物生产系统的可更新有机能；EM_{AF} 为人类经济社会反馈投入农作物生产系统的不可更新工业辅助能；EM_{AY} 为农作物生产系统产出。其中，灌溉投入是可更新资源投入（灌溉用水投入）和不可更新工业辅能投入（灌溉设施投入）的一部分，为了便于进行灌溉效益能值流的分析计算单独以虚线形式标出。

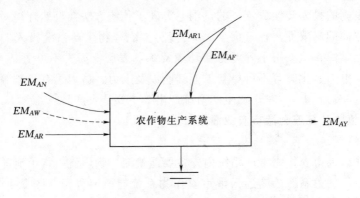

图 5.2　连云港市农作物生产系统能值综合图

5.2.2.2　农作物生产系统能值流计算

根据能量流、物质流的原始资料数据计算连云港市农作物生产系统主要能值流，以 2009 年为例，连云港市农作物生产系统能值流计算结果见表 5.2。

表 5.2　　**连云港市农作物生产系统能值流计算分析表（多年平均）**

项　　目		原始数据 /(J、g、m³)	能值转换率 /(sej/J、sej/g、sej/m³)	能值 /sej
可更新环境资源	太阳能	3.86×10^{19}J	1	0.29×10^{19}
	雨水化学能	2.58×10^{16}J	1.54×10^{4}	3.98×10^{20}
	雨水势能	7.30×10^{14}J	8.89×10^{3}	0.5×10^{17}
	地球旋转势能	5.80×10^{15}J	2.90×10^{4}	0.17×10^{20}
	农业灌溉用水	6.58×10^{8}m³	1.63×10^{12}	1.07×10^{21}
	小计	—	—	14.89×10^{20}
不可更新环境资源	表土层损失	1.15×10^{15}J	6.25×10^{4}	7.19×10^{19}
	小计	—	—	7.19×10^{19}
不可更新工业辅能	农业机械	1.29×10^{13}J	7.5×10^{7}	9.68×10^{20}
	电力	7.73×10^{14}J	1.59×10^{5}	1.23×10^{20}
	柴油	6.48×10^{15}J	6.6×10^{4}	4.28×10^{20}
	化肥　氮肥	1.99×10^{11}g	4.62×10^{9}	9.19×10^{20}
	磷肥	5.45×10^{10}g	1.78×10^{10}	9.7×10^{20}
	钾肥	1.57×10^{10}g	1.74×10^{9}	2.73×10^{19}
	复合肥	7.96×10^{10}g	2.80×10^{9}	2.23×10^{20}
	农药	6.69×10^{9}g	1.62×10^{9}	1.08×10^{19}
	农膜	4.83×10^{9}g	3.8×10^{8}	1.83×10^{18}
	小计	—	—	36.69×10^{20}

续表

项　目		原始数据 /(J、g、m³)	能值转换率 /(sej/J、sej/g、sej/m³)	能值 /sej
可更新的有机能	人力	$1.59×10^{15}$ J	$3.80×10^5$	$6.04×10^{20}$
	蓄力	$1.95×10^{14}$ J	$1.46×10^5$	$0.28×10^{20}$
	有机肥	$1.65×10^{16}$ J	$2.70×10^4$	$4.46×10^{20}$
	种子	$0.88×10^{13}$ J	$2.00×10^5$	$1.76×10^{18}$
	小计	—	—	$10.79×10^{20}$
农作物能值	稻谷	$2.44×10^{16}$ J	$6.19×10^4$	$1.51×10^{21}$
	小麦	$1.69×10^{16}$ J	$6.80×10^4$	$1.15×10^{21}$
	玉米	$3.22×10^{16}$ J	$6.96×10^4$	$2.24×10^{21}$
	豆类	$0.81×10^{15}$ J	$6.90×10^4$	$0.56×10^{21}$
	薯类	$0.16×10^{15}$ J	$2.70×10^4$	$0.04×10^{20}$
	油料	$3.44×10^{15}$ J	$6.90×10^5$	$2.37×10^{21}$
	棉花	$0.63×10^{14}$ J	$8.60×10^5$	$0.54×10^{20}$
	水果	$0.44×10^{15}$ J	$5.3×10^5$	$2.33×10^{20}$
	小计	—	—	$8.12×10^{21}$

注　原始数据（部分数据，如农作物等经过能量折算后的除外）均来自《连云港市统计年鉴》及《水资源公报》，能值转换率和各项计算公式、能量折算标准参考相关文献得出。

表中太阳能、雨水化学能、雨水势能、地球旋转势能取连云港市农业种植区域的数据。农业灌溉用水由于既有地表水又有地下水，灌溉用水能值等于灌溉用水量乘以水体能值转换率，因此，需要分别计算地表水、地下水各自的能值转换率。此处的水体能值转换率不仅包括水体本身能值还包括供水过程的配套水利工程能值投入，根据 Buenfil A. A 在《Emergy evaluation of water》中给出的方法计算，地表水、地下水的能值转换率分别为 $1.63×10^{12}$ sej/m³、$1.85×10^{12}$ sej/m³，乘以各自灌溉用水量就得到农作物灌溉用水总能值。农业机械（含灌溉设施）、柴油、种子以及所有产出农产品的原始数据均参照《技术经济手册——农业卷》及《中国农林牧渔业主要产品的能值分析与评估》中能量折算标准。能值投入与产出表见表 5.3。

5.2.2.3　分摊系数计算

根据连云港市 2009 年农作物生产系统能值流计算结果，计算灌溉效益分摊系数，见表 5.4。

表 5.4 中，农业灌溉投入总能值包括灌溉用水能值以及灌溉设施投入能值，由于缺乏足够资料，考虑到连云港市近几年农业灌溉设施投入不断加大，灌溉设施投入能值取农业机械能值的 20% 计算得 $0.19×10^{20}$ sej，则农业灌溉投入总能

值为 $17.39 \times 10^{20} \mathrm{sej}$。

表 5.3　　　连云港市农作物生产系统能值投入与产出表（多年平均）

项　目		符　号	能值/$10^{20}\mathrm{sej}$
能值投入	可更新环境资源	EM_{AR}	14.89
	不可更新环境资源	EM_{AN}	0.71
	环境资源总投入	$EM_{AI} = EM_{AR} + EM_{AN}$	15.6
	不可更新工业辅能	EM_{AF}	36.69
	可更新的有机能	EM_{AR1}	10.79
	总辅助能投入	$EM_{AU} = EM_{AF} + EM_{AR1}$	47.48
	总能值投入	$EM_{AT} = EM_{AI} + EM_{AU}$	63.08
能值产出	农作物能值	EM_{AY}	81.2

表 5.4　　　连云港市农业灌溉效益分摊系数计算结果（多年平均）

项　目		符号或公式	数值
农业灌溉用水量/m^3		W	6.582×10^8
农业灌溉投入总能值 /sej	农业灌溉用水能值	EM_{AW1}	10.7×10^{20}
	农业灌溉设施投入能值	EM_{AW2}	0.19×10^{20}
	小计	EM_{AW}	10.89×10^{20}
总投入能值/sej		EM_{AT}	63.08×10^{20}
农作物能值		EM_{AY}	81.2×10^{20}
灌溉效益分摊系数/%		$\varepsilon = \dfrac{EM_{AW}}{EM_{AT}}$	17.26
农业灌溉总效益/sej		$EM_{AM} = \varepsilon \times EM_{AY}$	14.01×10^{20}
能值货币比率/(sej/元)		EM_{AP}	7.44×10^{11}
农业灌溉效益/元		$M = \dfrac{EM_{AM}}{EM_{AP}}$	18.83×10^8
单方水效益/(元/m^3)		$S_1 = \dfrac{M}{W}$	2.86

由表中数据可以看出，连云港市农业用水总效益为 18.83 亿元。

5.3　生态环境用水效益计算

5.3.1　生态环境用水的内涵

生态环境用水是在特定的时空范围内，保证生态系统和生态环境维持一定的稳定状态所需要的水量。生态环境用水量概念的提出本身就是针对一定的生态保护目标的结果,因此,它是变量,大小取决于人类的主观意识,即随着人们对生态恢复和保护目标制定的高低不同而变化,是实际值,即人们已经应用到生态系统恢复、保护或重建所实际发生的水量。

5.3.2 生态环境用水效益

5.3.2.1 生态环境用水效益分摊系数

理论上,生态系统获得配水后,生态系统结构和功能发生了变化,生态系统服务的价值增加,这部分增加的价值并不完全是生态配水带来的,也即生态系统的耗水来源于生态配水和有效降雨,因此生态用环境水效益分摊系数 e 的量化公式为

$$e = \frac{WER}{WER + P_0} \tag{5.15}$$

式中:WER 为实际的不包括降雨的生态耗水,mm;P_0 为有效降雨量,mm。

5.3.2.2 生态环境用水效益模型

设 $SVESR$ 为连云港市现状实际的静态生态价值,WER 为现状实际的生态耗水,生态环境用水的动态生态价值 $DVES$ 为

$$DVES = WElr\frac{SVESR}{WER} \tag{5.16}$$

式中:l、r 分别为配水年份的社会发展阶段系数及资源紧缺度;WE 为生态环境用水量;$SVESR$ 为生态环境用水静态价值。

生态环境用水的生态效益为动态生态价值与生态效益分摊系数之积:

$$EB = eDVES \tag{5.17}$$

式中:EB 为连云港市生态环境用水为 WE 时相应生态系统的生态效益;e 为连云港市生态用水为 WE 时相应生态系统的生态效益系数。

5.3.2.3 模型中参数的确定

1. 生态耗水的静态生态价值 $SVESR$

生态耗水的静态生态价值 $SVESR$ 参考我国石羊河流域生态系统服务的静态价值的计算规律,近似取连云港市丰(1993 年)、平(2001 年)、枯(1997 年)多年平均 GDP 的 10%,约为 50 亿元。

2. 社会发展阶段系数 l

发展阶段系数随社会经济发展水平的关系可用皮尔生长曲线模型表示:

$$l = \frac{L}{1 + ae^{-bt}} \tag{5.18}$$

式中:l 为代表生长特性的参数,在此表示与现实支付意愿有关的社会发展阶段系数;L 为 l 的最大值,在此表示极富阶段的支付意愿,取值为 1;t 为时间变量,在此表示社会经济发展阶段;a、b 为常数,取值为 1;e 为自然对数。

把代表经济社会发展水平和人民生活水平的恩格尔系数(指一个家庭用于食

品的支出占其总消费支出的比例，是衡量人民生活水平的指标）的倒数与发展阶段对应起来：

$$t=1/En \tag{5.19}$$

按照连云港市"十一五"规划，要求恩格尔系数低于 40%，又考虑到近年来我国 CPI 指数不断上涨，取连云港市 2009 年恩格尔系数 En 为 40%，根据式（5.18）和式（5.19），计算出社会阶段发展系数 $l=0.378$。

3. 资源紧缺度 r

资源紧缺度反映生态价值随生态资源的耗竭的动态变化，所谓资源紧缺度是指某区域在经济、社会和环境的可持续发展过程中其实际生态资源相对于需求量的缺乏程度，其计算公式如下：

$$r=S_d/S \tag{5.20}$$

式中：S 为生态资源的实际存量；S_d 为维持生态系统良性循环的生态资源的需求量，可用生态系统相对良好时期的生态资源存量代替。

资源存量越小，需求量越大，紧缺度越大，人们对单位生态资源的支付意愿越大，生态价值越大。

由于缺乏历史资料，资源紧缺度中 S_d 较难确定，可用具有实测资料的、且是影响生态系统的关键因子来间接表示。由于水资源是制约城市流域生态群落面积（耕地、林地、草地、水域等）的关键因子，生态群落的干物质积累与生态用水有密切的近似线性的关系，用最大生态需水量 W_{emax} 与实际生态用水 W_e 之比来代替生态系统相对良好时期的资源存量与实际资源存量之比：

$$r=\frac{W_{emax}}{W_e} \tag{5.21}$$

由《连云港市水资源综合规划》有关结果可得，$W_{emax}=1.3299$ 亿 m^3，$W_e=0.86$ 亿 m^3。所以 $r=1.546$。

4. 生态环境用水 WE

生态环境的用水即为雨洪资源可利用量分配给生态环境的用水，即 $WE=0.279$ 亿 m^3。

5. 生态用环境水效益分摊系数 e

有效降雨量 P_0 与次降雨量 P、降雨有效利用系数 α 有关。$P_0=\alpha P$，我国目前采用以下经验系数：次降雨小于 50mm 时，$\alpha=1.0$；次降雨为 50～150mm 时，$\alpha=0.80\sim0.75$；次降雨大于 150mm 时，$\alpha=0.70$。根据连云港降雨特点，近似取 $P_0=50$mm。

实际的不包括降雨的生态耗水 WER 由《连云港市水资源综合规划》查得：$WER=444$mm，对应的年均耗水量为 1.31 亿 m^3，则 $e=0.898$。

由式（5.15）～式（5.21），生态环境用水效益计算式为

$$EB = eWElr\frac{SVESR}{WER} \qquad (5.22)$$

将以上模型中的参数计算结果代入式（5.22）中，得 $EB=5.809$ 亿元。

5.4 生活用水效益计算

生活用水效益分农村生活和城镇生活用水效益，两者均以水量乘以水价粗略估算，根据连云港市自来水有限责任公司水价收费标准，连云港市各区县自来水水价见表5.5。

表 5.5 连云港市各区县自来水水价 单位：元/m³

行政区	市区	赣榆区	东海县	灌云县	灌南县
水价	2.76	2.50	2.52	1.60	2.50

根据第4章各行政区水量分配比例，可得连云港市各区县生活用水量分配情况，见表5.6。

表 5.6 连云港市各区县生活用水量分配 单位：亿 m³

行政区	市区	赣榆区	东海县	灌云县	灌南县	全市
生活用水量	0.932	0.180	0.128	0.226	0.002	1.468

由表5.5和表5.6，可得连云港市生活用水效益，见表5.7。

表 5.7 连云港市生活用水效益 单位：亿元

行政区	市区	赣榆区	东海县	灌云县	灌南县	全市
生活用水效益	2.572	0.45	0.323	0.362	0.005	3.712

由表中数据可以看出，连云港市生活用水效益为3.712亿元。

5.5 雨洪资源利用多年平均效益 计算及成果分析

由以上结果可得，连云港市雨洪资源利用多年平均效益以及单方水效益，分别见表5.8和表5.9。

表 5.8 连云港市雨洪资源利用多年平均效益 单位：亿元

工业用水效益	农业用水效益	生态环境用水效益	生活用水效益	总效益
14.79	18.83	5.81	3.712	43.14

表 5.9　　　　　连云港市雨洪资源利用多年平均效益（单方水）　　　单位：元/m³

工业用水效益	农业用水效益	生态环境用水效益	生活用水效益
2.63	2.86	20.82	2.53

由表 5.8 可知：

（1）连云港市雨洪资源利用多年平均效益为 43.14 亿元。

（2）农业用水多年平均效益最大，为 18.83 亿元。

（3）生活用水单方水效益较小，为 2.53 元/m³。生活用水是人们日常生活的基础，其水价是通过有关行政部门制定的，因此不可能太高，从而也就决定了生活用水效益不可能太大。

第6章 连云港市雨洪资源
安全利用风险分析

本章以风险分析理论为基础，从水量、水质和生态环境3个方面对雨洪资源利用风险因素进行识别和等级划分，对水库大坝和下游堤防的防洪风险、不利生态环境影响风险和雨洪资源利用水质风险进行风险估计，将主要风险归属于时间维和空间维两个维度，建立二维多目标风险决策模型，计算不同汛限水位方案的风险效益值，确定最佳蓄水水位；以石梁河水库为例进行了水库洪水资源安全利用风险分析；提出了连云港市雨洪资源利用风险规避措施。

6.1 雨洪资源利用风险因素识别及等级划分

6.1.1 风险分析的一般步骤

客观世界中存在有大量不确定性因素，对雨洪资源开发利用同样如此。这些不确定因素一方面来自自然界本身存在的不确定性；另一方面来自人类对自然认知的局限。风险与可靠相对，两者是一对互补的概念，通过人类对自然认识的加深和对自然规律的进一步研究，可以提高在开发自然资源过程中的可靠性，从而使风险相对降低。

雨洪资源属于水资源系统中的一类，是有开发利用价值的自然资源。水资源系统是一个开放复杂的巨系统，由于涉及因素众多，本身具有复杂性和随机、模糊、灰色等多种不确定性；另外由于人类的介入和影响，进一步增加了水资源系统的不确定性。不确定因素中有些对人类有益，而有些是有害的，人们通过对不确定因素的研究，趋利避害。但不确定性总是存在的，风险也是如此，只是大与小的区别。

开展风险分析工作有其必要性，对雨洪资源利用而言，可以在一定程度上增加对不确定因素的认识，对于分清众多影响因素的主次关系，并进一步定量分析各因素对利用目标的影响程度。通过风险分析可以寻找不同风险因子对目标风险值的影响大小从而找出主要风险因素，对比不同方案的风险效益与风险损失，为决策者提供依据。

风险是要完成某项工作的特定主体（个体或集体）将要发生不利情况的可能性。目前对风险的定义尚无公论，但是风险的客观存在性、可决策性、风险指标的不可公度性和动态特性等已得到人们的认可。风险分析过程往往遵循一定的程序，依次按照风险识别、风险估计、风险评价、风险处理和风险决策的过程执行。本书进行的各个阶段风险分析的内容会不相同，风险的一般程序如图 6.1 所示。

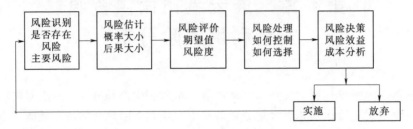

图 6.1　风险分析程序图

风险识别又称风险辨识，是风险分析中最基本、最重要的阶段。能否正确识别风险对风险管理能否取得较好的效果有极为重要的影响。风险识别工作需要有跨学科的综合知识、丰富的专业知识和实际的工作经验，同时需要对所研究问题有较为深入的认识。

建立风险树可以对造成风险的各种因素进行分类，风险树的建立以层次分解为基础。层次分解是把复杂的事物按照一定的分解原则，分层次地逐步分解为若干个比较简单的容易分析和认识的事物，以便对这些简单的事物进一步做具体深入的研究。用层次分解法进行风险识别要经历一个由简到繁，再由繁到简的过程，对列举的各种风险因素做认真的分析和筛选，找出影响较大需要深入研究的主要风险因素。

在风险识别工作中很难采用试验分析及建立数学模型进行理论上的推导，主要还是依靠实际经验和采用推断的方法，为了克服个别分析者经验的局限性，常采用专家调查法，即集中一些有专门经验的专家意见进行风险识别。

6.1.2　连云港市雨洪资源利用风险因素识别与等级划分

雨洪资源利用的目的是增加可利用水资源量，促进经济社会的可持续发展，但利用雨洪资源的同时也存在着风险。连云港市雨洪资源利用包括城市雨水资源利用和过境洪水资源利用，雨水资源利用的风险较小，本章重点研究过境洪水资源安全利用风险。过境洪水资源利用措施包括对现有水库河网挖潜、新建水库湖泊拦蓄过境洪水。

本书采用建立风险树的方法来分析造成风险的各种因素。

连云港市雨洪资源安全利用风险主要是指过境洪水资源安全利用风险，风险可以分解为自然环境风险、工程技术风险和管理运行风险三类，各类风险因素又可以进行细分，连云港市雨洪资源安全利用的风险树如图 6.2 所示。

对实际项目进行风险估计时，一般只需对主要的风险因子进行分析计算就能够满足精度要求。连云港市雨洪资源利用主要是过境洪水资源利用，而过境洪水

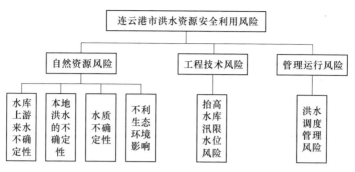

图 6.2　连云港市雨洪资源安全利用的风险树

资源安全利用的风险因子主要存在于水量、水质和生态环境等方面。

水量方面的风险主要是连云港市过境洪水资源安全利用对水库大坝和下游河道堤防带来的风险。连云港市过境洪水资源利用主要是通过对现有水库、河网挖潜和新建水库湖泊拦蓄过境洪水。对于现有水库河网，拦蓄过境洪水的风险因素较多，从安全角度分析，主要是汛期洪水调节时水库大坝和下游堤防的防洪风险，包括抬高汛限水位后水库调度过程中水库水位超过原校核洪水位的风险和水库调度过程中下泄流量超过下游河道安全泄量的风险；对于新建水库，可以通过全面统筹规划、选择合理的设计标准、保证建设质量、建成后采用合适的运行调度方式等来规避风险。

水质方面的风险包括上游流域洪水对本地区水源构成污染的风险、本地水库地区污染源对洪水资源利用的风险、新沂河下游侧向引水式水库水质的不确定性风险、平原地区水库蓄水水深过大对水质构成的风险、城市雨洪资源利用中水质受污染的风险、本地地下水被污染的风险等。

生态环境方面的风险主要表现为水库持续高水位运行对局部小环境的改变，下游下泄流量减少使河道自净能力下降以及对水生生物生存环境的影响等，包括水库下游河道流量小于生态基流而破坏沿岸生态环境的风险，水库、河道水质不良引起生态环境问题的风险，水位抬高后淹没对库区生境影响的不确定性风险，雨洪资源利用使水面率增加而影响本地生态环境的风险，地下水位升高引起土地浸渍盐碱化的风险等。

水质风险可以通过加强水质监测，合理控制排污总量以及建立污水处理厂等方式规避风险。本章重点分析大型水库通过调蓄水位利用过境洪水所引发的风险以及雨洪资源安全利用的不利生态环境影响风险。大型水库通过调蓄水位利用过境洪水所引发的风险分析主要表现为水库汛限水位调整后，水库调度过程中水库水位超过原校核洪水位的风险和水库调度过程中下泄流量超过下游河道安全泄量的风险，可采用风险率公式进行风险估计。生态环境影响主要表现为水库持续高水位运行对局部小环境的改变，下游下泄流量减少使河道自净能力下降以及对水生生物生存环境的影响等。环境影响的量化工作比较复杂，很难客观推理，一般依据区域历史资料采用主观估计的办法统计。

在确定风险因素后，可对雨洪资源利用过程中的潜在风险按高、中、低三级进行等级划分，具体风险因素等级划分见表6.1。

表 6.1　　　　　　　　　雨洪资源利用风险因素等级划分

序号	风 险 因 素	风险等级		
		高	中	低
1	水库上游来水不确定性风险			
1.1	水库上游总入库洪水的不确定性风险	√		
1.2	沭河来水的不确定性风险		√	
1.3	分沂入沭流量、水量的不确定性风险		√	
1.4	区间入流的不确定性风险			√
2	本地洪水的不确定性风险		√	
3	水质不确定性风险			
3.1	上游流域洪水对本地区水源构成污染的风险	√		
3.2	本地水库地区污染源对洪水资源利用的风险		√	
3.3	新沂河下游侧向引水式水库水质的不确定性风险		√	
3.4	平原地区水库蓄水水深过大对水质构成的风险			√
3.5	城市雨洪资源利用中水质受污染的风险			√
3.6	本地地下水被污染的风险			√
4	不利生态环境影响风险			
4.1	水库下游河道流量小于生态基流而破坏沿岸生态环境的风险	√		
4.2	水库、河道水质不良引起生态环境问题的风险		√	
4.3	水位抬高后淹没对库区生境影响的不确定性风险		√	
4.4	雨洪资源利用使水面率增加而影响本地生态环境的风险			√
4.5	地下水位升高引起土地浸渍盐碱化的风险			√
5	抬高水库汛限水位的风险			
5.1	较高汛限水位使调度过程中水库水位超校核水位的风险	√		
5.2	水库下泄流量超下游河道安全泄量的风险	√		
5.3	由于库区淹没引起较大经济损失的风险		√	
5.4	消落深度增加引发地质灾害的风险			√
5.5	蓄水位较高引发水库大坝、溢洪道等工程失事的风险			√
6	洪水调度管理风险			
6.1	水库、水闸等调度不协调引起部分河道水位超警戒线的风险		√	
6.2	河道下泄洪水入海口与高潮位相遇对河道泄流的影响		√	
6.3	水闸工程的实际泄流能力与设计值的差异对调度的影响			√

6.2　雨洪资源利用风险估计

风险估计是风险分析的核心内容。洪水资源利用风险估计在风险识别的基础上，通过对所收集的洪水风险事件加以分析，对风险发生的概率及其损失程度做出定性或定量估计。风险估计有定性、定量之分，也有主观、客观之别。定性估计是在所收集材料的基础上对那些难以用数学语言精确描述的风险因子进行模糊评价估计得出的一般性结论，定性估计常用的方法有调查法、矩阵分析法和德尔菲法，这类方法主要用于风险可测度很小的风险主体。定量估计法是借助数学分析风险主体的数量特征关系和变化，来确定风险率的方法，主要有概率论和数理统计方法、随机模拟方法、马尔科夫过程和模糊数学方法等。本书采用基于概率论与数理统计的方法对连云港市洪水资源利用主要风险因子进行风险估计。

6.2.1　基于概率论与数理统计方法的风险估计

6.2.1.1　概率论与数理统计方法原理

基于概率论与数理统计的分析方法（以下简称概率统计方法）有 3 种：直接积分法、参数解析法、离散状态组合法。直接积分法已用于计算汛限水位动态控制风险率，在水库洪水调度中，影响风险主体的不确定性风险变量（或随机变量）大都服从典型的概率分布，如 P-Ⅲ 分布、正态分布、三角形分布、伽马分布、威布尔分布等，根据变量的特征分布及其参数，利用概率统计分析法可以计算水库洪水调度风险。

提高水库汛期水位可增加水库蓄水量和兴利效益，但会减少防洪库容，减弱水库的调洪能力，增加库水位超过设计标准水位 Z_d 的风险。所谓设计标准水位 Z_d 是在具体风险率计算时设定的一个水库水位值，可以是水库设计洪水位也可以是校核洪水位，或两个水位之间的某个值。在某一汛限水位下入库洪水经过水库调洪之后，可能达到的最高库水位为 $Z_m(t)$，其超过设计标准 Z_d 是形成防洪风险的明确标志。对不同的汛限水位进行同样计算可统计出该汛限水位下最高库水位 $Z_m(t)$ 超过设计标准 Z_d 的风险率。基于以上思想对水库汛限水位调整后大坝安全风险率、下泄流量超下游河道安全泄量风险率、生态环境影响风险率进行计算。

6.2.1.2　大坝安全风险率

大坝安全风险率指在水库现有泄流设施条件下，调整水库汛限水位，水库调蓄洪水后库水位超过设计标准水位 Z_d 的概率。大坝安全风险率计算采用了概率统计分析方法中第 1 类直接积分法的原理。由于大坝安全失事概率密度函数很难确定，所以无法建立风险率求解积分方程。但对历史洪水资料进行统计计算与对大坝安全风险概率密度函数进行积分的原理相同，也可以求得大坝安全风险率。

大坝安全风险率的计算公式如下：

$$f_1(H_i) = \frac{n}{N+1} \tag{6.1}$$

式中：$f_1(H_i)$ 为汛限水位为 H_i 出现超设计标准水位的风险率；N 为资料系列中历次洪水的总数；n 为对给定的汛限水位 H_i，调洪演算发生库水位超设计标准水位 Z_d 的洪水次数。

6.2.1.3　下泄流量超下游河道安全泄量风险率

下游安全泄量是一个具体数值，当下泄流量大于它时就会给沿岸构成危险，流量越大损失越大。当下泄流量小于但接近安全值时同样会形成威胁。在计算时引入隶属函数，泄量对沿岸的威胁程度以流量区间来衡量，在计算下泄水量危害性风险率时用模糊数学的方法，计算公式如下：

$$f_2(H_i) = \sum_{V_i \in A} \mu_A(V_i) p(V_i) \tag{6.2}$$

式中：$f_2(H_i)$ 为汛限水位 H_i 时下泄流量超下游河道安全泄量风险率；$p(V_i)$ 为汛限水位 H_i 时下泄流量隶属于区间 V_i 的概率；$\mu_A(V_i)$ 为不同区间 V_i 的隶属度。

下泄流量区间隶属度函数表达式为

$$A = 0/v_1 + 0.05/v_2 + 0.2/v_3 + 0.8/v_4 + 0.95/v_5 + 1/v_6 \tag{6.3}$$

6.2.1.4　不利生态环境影响风险率

生态环境影响主要表现为下游下泄流量减少使河道自净能力下降以及对生物生存环境的影响，水库持续高水位运行对局部小环境的改变等方面。环境影响的量化工作比较复杂，客观推理很难进行，一般依据区域历史资料采用主观估计的办法统计。

不利生态环境影响风险计算的数学表达式如下：

$$f_3(H_i) = \sum_{j=1}^{n} f_3(H_i, T_j) \tag{6.4}$$

$$f_3(H_i, T_j) = k_{31} f_{31}(T_j) + k_{32} f_{32}(T_j) + k_{33} f_{33}(T_j) \tag{6.5}$$

式中：$f_3(H_i)$ 为汛限水位 H_i 对应不利生态环境影响风险率；$f_{31}(T_j)$ 为时段 T_j 内上游洪水发生松散率；$f_{32}(T_j)$ 为时段 T_j 内大库容增量率；$f_{33}(T_j)$ 为时段 T_j 内下游河道流量小于河道最小环境需水量的概率。k_{31}、k_{32}、k_{33} 为各项指标的权重系数。

6.2.2　大坝安全风险率计算

基于概率统计的风险率计算方法，以水库上游来水的历史统计资料为基础。对水库调整后的汛限水位进行调洪计算，找出与汛限水位对应使水库达到设计标准水位 Z_d 的洪水，以该洪水发生概率作为汛限水位对应的大坝安全风险率。以沂沭泗流域石梁河水库汛限水位调整为例，运用数理统计方法计算不同汛限水位的风险率。

石梁河水库校核（2000 年一遇）洪水位为 27.95m，校核洪水洪峰流量为 9640m³/s，设计（100 年一遇）洪水位为 26.81m，设计洪水洪峰流量为 7367m³/s，水库从运行以来达到过的最高水位为 26.82m，超过设计洪水位 0.01m，在大坝安全风险率计算中取石梁河水库设计洪水位 26.81m 为设计标准水位 Z_d，对不同频率洪水调洪演算以接近或超过该水位为准，将该洪水频率作为汛限水位下大坝安全风险率。

对石梁河水库上游来水统计，制成 P-Ⅲ水文频率曲线如图 6.3 所示，对不同汛期起调水位调洪计算，找到水库调洪最高水位超过设计标准水位 Z_d 所对应的洪水及其发生频率。各不同汛限水位对应的大坝安全风险率值见表 6.2 和图 6.4。

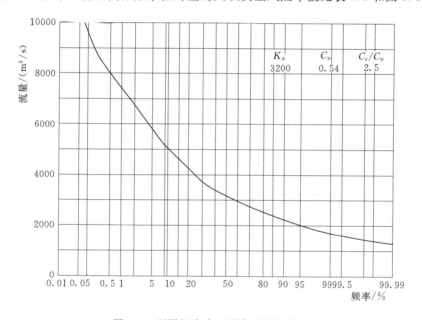

K_x	C_v	C_s/C_v
3200	0.54	2.5

图 6.3　石梁河水库上游来水频率曲线

通过风险率分析可知当石梁河水库汛限水位在 24.70m 以下变动时，水库大坝安全风险率变化平缓，风险率值不超过 6%。认为取 24.70m 汛限水位值遇 20 年一遇洪水，能够保证水库大坝安全风险处于可控范围。汛限水位超过 24.70m 后，风险率开始迅速增长；25.00m 以后风险率大幅增加，可考虑作为汛限水位动态控制的上限。

经过调洪演算分析水库下泄流量对不同汛限水位对应风险率值影响明显，24.70m 汛限水位以上，下泄流量每增加 200m³/s，可以使风险率减少 5%左右。如果在保证大坝防洪安全风险率不变的情况下继续抬高汛限水位必须增大水库下泄流量，会增加下游河道的防洪风险，使洪水利用风险从大坝向下游河道堤防发生转移。

表 6.2 不同汛限水位大坝安全风险率表

汛限水位/m	风险率	汛限水位/m	风险率	汛限水位/m	风险率
23.50	0.0153	24.15	0.0271	24.80	0.0576
23.55	0.0159	24.20	0.0289	24.85	0.0615
23.60	0.0164	24.25	0.0308	24.90	0.0641
23.65	0.0170	24.30	0.0326	24.95	0.0700
23.70	0.0175	24.35	0.0345	25.00	0.0770
23.75	0.0180	24.40	0.0363	25.05	0.0862
23.80	0.0185	24.45	0.0410	25.05	0.0970
23.85	0.0197	24.50	0.0422	25.15	0.1078
23.90	0.0208	24.55	0.0455	25.20	0.1185
23.95	0.0219	24.60	0.0485	25.25	0.1293
24.00	0.0230	24.65	0.0512	25.30	0.1401
24.05	0.0241	24.70	0.0532		
24.10	0.0252	24.75	0.0560		

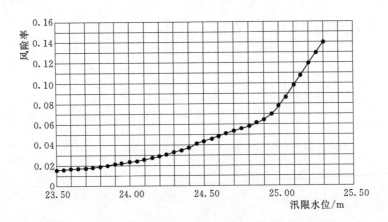

图 6.4 不同汛限水位情况水库水位超过风险水位风险率关系

6.2.3 下泄流量超过下游河道安全泄量风险率计算

在计算下泄流量超过下游河道安全泄量的风险时，以石梁河水库下泄流量不超过新沭河安全泄量为准，考虑淤积对下游新沭河实际泄水的影响，河道安全泄流量取 2000m³/s（为使分析结果偏安全以新沭河河道淤积较严重的情况考虑），隶属度函数表达式见式（6.3）。

在计算中，使水库调洪演算的最高水位不高于石梁河水库设计标准值 $Z_d =$ 26.81m，以保证下泄水量的风险计算与大坝安全风险率的计算不发生重叠。

结合新沭河下游流域地区的实际情况，将水库汛期下泄流量值分为区间：$(0，400)$、$(400，800)$、$(800，1200)$、$(1200，1600)$、$(1600，2000)$、$(2000，\infty)$ 共六个区间，分别为 v_1、v_2、v_3、v_4、v_5、v_6。不同汛限起调水位对应的各流量区间隶属度及风险率值见表6.3。

表 6.3　　　　　　　　石梁河水库不同下泄流量隶属度及风险率

汛限水位 /m	下泄流量 0~400m³/s	下泄流量 400~800 m³/s	下泄流量 800~1200 m³/s	下泄流量 1200~1600 m³/s	下泄流量 1600~2000 m³/s	下泄流量 >2000m³/s	风险率
23.50	0.7453	0.0978	0.0587	0.0596	0.0284	0.0102	0.085
23.55	0.7439	0.0989	0.0590	0.0585	0.0283	0.0114	0.086
23.60	0.7425	0.1001	0.0592	0.0575	0.0282	0.0126	0.086
23.65	0.7411	0.1012	0.0595	0.0564	0.0281	0.0137	0.087
23.70	0.7397	0.1024	0.0597	0.0554	0.0280	0.0149	0.088
23.75	0.7383	0.1035	0.0600	0.0543	0.0279	0.0161	0.088
23.80	0.7368	0.1046	0.0602	0.0532	0.0278	0.0173	0.089
23.85	0.7354	0.1058	0.0605	0.0522	0.0277	0.0185	0.089
23.90	0.7340	0.1069	0.0607	0.0511	0.0276	0.0196	0.090
23.95	0.7326	0.1091	0.0610	0.0501	0.0275	0.0211	0.091
24.00	0.7312	0.1092	0.0612	0.0490	0.0274	0.0220	0.091
24.05	0.7163	0.1099	0.0628	0.0491	0.0274	0.0249	0.094
24.10	0.7014	0.1105	0.0644	0.0492	0.0274	0.0277	0.098
24.15	0.6865	0.1112	0.0661	0.0493	0.0274	0.0306	0.101
24.20	0.6716	0.1119	0.0677	0.0494	0.0274	0.0334	0.104
24.25	0.6567	0.1126	0.0693	0.0495	0.0274	0.0363	0.107
24.30	0.6417	0.1132	0.0709	0.0496	0.0275	0.0392	0.111
24.35	0.6268	0.1139	0.0725	0.0497	0.0275	0.0420	0.114
24.40	0.6119	0.1146	0.0742	0.0498	0.0275	0.0449	0.117
24.45	0.5970	0.1152	0.0758	0.0499	0.0275	0.0477	0.121
24.50	0.5821	0.1159	0.0774	0.0505	0.0275	0.0506	0.124
24.55	0.5736	0.1163	0.0790	0.0525	0.0287	0.0541	0.130
24.60	0.5651	0.1168	0.0807	0.0544	0.0298	0.0576	0.136
24.65	0.5565	0.1172	0.0823	0.0564	0.0310	0.0612	0.142
24.70	0.5480	0.1176	0.0840	0.0584	0.0321	0.0647	0.148
24.75	0.5395	0.1181	0.0856	0.0604	0.0333	0.0682	0.154
24.80	0.5310	0.1185	0.0872	0.0623	0.0345	0.0717	0.160
24.85	0.5225	0.1189	0.0889	0.0643	0.0356	0.0752	0.166
24.90	0.5139	0.1193	0.0905	0.0663	0.0368	0.0788	0.172

续表

汛限水位 /m	下泄流量 0~400m³/s	下泄流量 400~800 m³/s	下泄流量 800~1200 m³/s	下泄流量 1200~1600 m³/s	下泄流量 1600~2000 m³/s	下泄流量 >2000m³/s	风险率
24.95	0.5054	0.1198	0.0922	0.0682	0.0379	0.0823	0.178
25.00	0.4969	0.1202	0.0938	0.0702	0.0391	0.0858	0.184
25.05	0.4856	0.1215	0.0946	0.0722	0.0410	0.0951	0.196
25.10	0.4743	0.1228	0.0955	0.0743	0.0429	0.1043	0.208
25.15	0.4631	0.1240	0.0963	0.0763	0.0447	0.1136	0.221
25.20	0.4518	0.1253	0.0971	0.0783	0.0466	0.1228	0.233
25.25	0.4405	0.1266	0.0980	0.0804	0.0485	0.1321	0.245
25.30	0.4292	0.1279	0.0988	0.0824	0.0504	0.1413	0.257

6.2.4　不利生态环境影响风险率计算

不利生态环境影响风险率的计算考虑时间因素，连云港市汛期包括前汛期、主汛期、后汛期三段，从6月初开始到9月末结束，汛期总时间为4个月，水库供水期为8个月，按汛末水库蓄水至正常蓄水位26.00m，供水期结束，水库水位消落至原汛限水位23.50m。石梁河下游新沭河河道生态环境目前已经形成了较为稳定的状态，采用Tennant法计算出该河道的生态基流量为7.55m³/s。新沭河河道最小生态环境需水量以不小于此值为准。

根据不利生态环境影响风险率计算方法对风险率计算，计算结果见表6.4。

表6.4　　　　　　　　　不利生态环境影响风险率计算结果

汛限水位/m	风险率	汛限水位/m	风险率	汛限水位/m	风险率
23.50	0.0458	24.15	0.0427	24.75	0.0469
23.55	0.0456	24.20	0.0439	24.80	0.0465
23.60	0.0453	24.25	0.0421	24.85	0.0461
23.65	0.0451	24.25	0.0421	24.90	0.0457
23.70	0.0449	24.30	0.0419	24.95	0.0454
23.75	0.0446	24.35	0.0416	25.00	0.0450
23.80	0.0444	24.40	0.0413	25.05	0.0446
23.85	0.0442	24.45	0.0411	25.10	0.0442
23.90	0.0439	24.50	0.0487	25.15	0.0437
23.95	0.0437	24.55	0.0484	25.20	0.0433
24.00	0.0435	24.60	0.0480	25.25	0.0429
24.05	0.0432	24.65	0.0476	25.30	0.0425
24.10	0.0429	24.70	0.0472		

6.3　雨洪资源安全利用风险决策分析

风险决策是风险分析的最终目的。通过风险因素识别能够了解风险所处范围，风险估计能够知道风险发生几率的大小，构建风险决策模型计算风险效益与损失能够帮助人们更进一步认识风险，更容易使人们建立对待风险的态度。本书以风险效益与风险损失为两大主要因素，构建风险决策模型，为不同洪水利用方案的选取提供理论依据。

6.3.1　风险决策模型构建

6.3.1.1　模型构建思路

决策模型的建立以流域下游地区大型水库汛限水位调整利用过境洪水资源为背景，寻找并确定最佳汛限水位调整方案。风险决策模型的建立以效益值最大化为目标，综合考虑洪水资源利用效益和风险损失，以两者的线性组合值作为评价某一汛限水位合理性的指标。

水库汛限水位调整是指通过论证将水库汛限水位抬高，减少汛期弃水增蓄洪水资源。计算增蓄水量的经济效益和汛限水位抬高可能带来的风险损失。洪水资源利用效益计算包括生活、工业、农业、生态环境用水效益四个方面。风险损失包括大坝安全风险、下泄流量超下游河道安全泄量风险和生态环境影响风险三个方面。

决策模型的建立应该能够在经济效益与风险损失的动态变化中计算洪水利用的综合效益，寻找综合效益最大值，确定水库汛限水位调整的最佳值。

6.3.1.2　模型目标函数

水库汛限水位风险决策函数包括：风险效益目标、风险损失目标。风险损失与风险效益是矛盾关系，采用风险决策模型综合求解，将风险损失以经济损失计算，并结合兴利效益寻求最大的总风险效益。模型目标函数如下：

$$F(H_i) = \sum_{j=1}^{n} B_j(H_i) - \sum_{j=1}^{m} L_j(H_i) \tag{6.6}$$

式中：$B_j(H_i)$ 为汛限水位为 H_i 时的洪水资源化利用风险效益值；$L_j(H_i)$ 为汛限水位为 H_i 时的风险损失值；n、m 为风险效益和风险损失的项数，$n=4$，$m=3$。

汛限水位 H_i 时风险效益计算公式如下：

$$B_j(H_i) = \sum_{j=1}^{4} B_j(H_i) \tag{6.7}$$

式中：$B_j(H_i)$ 为水库洪水资源利用经济效益，主要包括工业、农业、生态环境、生活、生活用水四方面效益。

以第5章为基础计算风险效益，结果见汛限水位 H_i 时风险损失计算公式如下：

$$L_j(H_i) = \sum_{j=1}^{3} L_j(H_i) \qquad (6.8)$$

式中：$L_j(H_i)$ 为大坝安全风险损失、下游堤防安全风险损失、生态环境风险损失。

6.3.2　风险损失计算

6.3.2.1　大坝安全风险损失计算

根据相关研究成果，淹没损失的计算与淹没面积、时间、淹没深度和流速有关，在本书考虑淹没面积来计算淹没损失。风险率与淹没损失的乘积作为风险损失值。

$$L_1(H_i) = R_1(H_i) L_1 \qquad (6.9)$$

式中：$L_1(H_i)$ 为汛限水位 H_i 时发生漫坝，大坝保护区的损失；$R_1(H_i)$ 为汛限水位 H_i 时大坝安全风险率；$L_1 = (1+k)\beta A + C_p$，k 为间接损失系数（取值可参考表 6.5），β 为单位面积直接损失，A 为淹没面积，C_p 为抗洪抢险救灾费用。

表 6.5　　　　　　　　　　　　　各国推荐使用的 k 值

国　别	k　值
美国	住宅区 15%，商业 37%，工业 45%，公共事业 10%，公共产业 34%，农业 10%，公路 25%，铁路 23%
苏联	统一采用 20%～25%
澳大利亚	住宅区 15%，商业 37%，工业 45%
中国	农业 15%～28%，工业 16%～35%

6.3.2.2　下泄流量超下游河道安全泄量风险损失计算

为避免与大坝安全风险损失计算相重叠，在该部分风险损失计算中，认为大坝安全是能够保证的，计算大流量泄水对沿线构成的风险损失，即对堤防两侧构成的淹没区计算风险损失。风险率与淹没损失的乘积作为风险损失值。

$$L_2(H_i) = R_2(H_i) L_2 \qquad (6.10)$$

式中：$L_2(H_i)$ 为汛限水位 H_i 时发生大流量泄水对河流沿岸构成的损失；$R_2(H_i)$ 为汛限水位 H_i 时河道堤防安全风险率；$L_2 = (1+k)\beta A + C_p$，k 为间接损失系数，β 为单位面积直接损失，A 为河流沿岸受大流量泄水影响的面积，C_p 为抗洪抢险救灾费用。

6.3.2.3　不利生态环境影响损失计算

水源的变化会影响生态系统的结构和功能，洪水资源利用实施后会改变河流原来的生态结构，从而引起河流沿岸生态服务功能价值的改变。采用 Costanza 及谢高地等人的研究成果，利用修订的中国陆地生态系统单位面积生态服务价值系数，计算生态环境影响损失，计算公式如下：

$$L_{\text{生态}} = f(H_i) \sum_{i=1}^{n} A_i d_i \qquad (6.11)$$

式中：$L_{生态}$为生态损失；$f(H_i)$为不利生态环境影响风险率；A_i为洪水资源利用后影响的各陆地生态系统面积；d_i为各陆地生态系统的单位面积生态服务价值系数，以河流沿岸发生危害损失后恢复原来生态机能和景观所需费用来衡。

结合洪水资源利用各项效益和各风险损失计算结果，可得到洪水资源利用总效益值与汛限水位抬高的关系。

6.3.3　连云港市雨洪资源利用风险决策模型求解

在对洪水资源利用过程中，我们依靠新信息在水库原有汛限水位基础上寻找新的汛限水位，重新计算汛限水位调整后水库可能达到的最高蓄水位及其风险率。

在新的汛限水位确定中，以综合风险效益最大为原则，通过蓄水效益计算模型计算汛限水位调整后利用洪水资源所产生的效益，再计算洪水利用的风险损失，综合考虑洪水利用效益和损失得到总效益值最大的汛限水位调整方案。

6.3.3.1　洪水利用效益与风险损失计算

洪水利用效益与风险损失计算结果见表6.6。

表 6.6　　　　　　　　洪水利用效益与风险损失对照表

汛限水位 /m	洪水利用效益 /万元	风险损失 /万元	总效益 /万元	汛限水位 /m	洪水利用效益 /万元	风险损失 /万元	总效益 /万元
23.50	0.0	464.5	−464.5	24.45	2165.9	1045.6	1120.3
23.55	107.7	476.6	−368.9	24.50	2286.8	1078.9	1207.9
23.60	216.2	488.7	−272.5	24.55	2408.3	1155.6	1252.8
23.65	325.4	500.8	−175.4	24.60	2530.6	1226.0	1304.5
23.70	435.3	512.8	−77.5	24.65	2653.5	1290.3	1363.2
23.75	545.9	523.9	22.0	24.70	2777.1	1340.1	1437.0
23.80	657.1	534.9	122.2	24.75	2901.4	1406.5	1494.9
23.85	769.1	559.4	209.6	24.80	3026.4	1447.8	1578.6
23.90	881.7	583.9	297.8	24.85	3152.0	1537.7	1614.3
23.95	995.0	607.9	387.1	24.90	3278.4	1598.7	1679.7
24.00	1109.0	630.9	478.2	24.95	3405.4	1729.8	1675.6
24.05	1223.7	658.2	565.5	25.00	3533.2	1883.1	1650.1
24.10	1339.1	685.5	653.6	25.05	3661.6	2090.9	1570.7
24.15	1455.2	728.4	726.8	25.10	3790.7	2331.7	1458.9
24.20	1571.9	772.1	799.8	25.15	3920.4	2571.6	1348.9
24.25	1689.3	814.1	875.2	25.20	4050.9	2811.4	1239.5
24.30	1807.5	857.1	950.7	25.25	4182.1	3052.3	1129.8
24.35	1926.3	900.0	1026.3	25.30	4313.9	3293.2	1020.7
24.40	2045.8	942.8	1102.9				

6.3.3.2 不同洪水资源利用方案拟定

洪水资源利用效益随汛限水位抬高而增加，各项风险因素的发生概率也随汛限水位抬高而增加，且当汛限水位达到 24.90m 时，洪水利用效益达到最大值，汛限水位继续抬高，总效益呈下降趋势，如图 6.5 所示。分析其原因为效益增加值小于损失增加值，总体表现为效益减小。

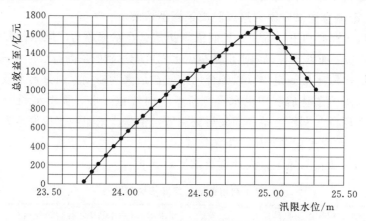

图 6.5　洪水资源利用总效益随汛限水位变化曲线

在洪水利用损失计算中，大坝安全风险损失占总风险损失的比例最大达到 80%~90%，所以此项损失对总效益的影响较大。从大坝安全风险率随汛限水位变化关系曲线可以看出，汛限水位在 23.50~24.70m 之间变化时，大坝安全风险率增加较小从 1.53% 到 5.32%，汛限水位超过 24.70m 以后风险率增长迅速，从 24.70m 到 25.30m，大坝安全风险率从 5.32% 增加至 14.0%。汛限水位 24.90m 时洪水利用总效益达到最大，该水位是汛限水位调整的上限值。

综合考虑风险损失与效益，可拟定 3 种不同洪水资源利用方案。

方案 1：风险率较小效益一般的洪水利用方案（汛限水位 H_i=24.50m）

洪水资源利用大坝安全风险率处于 5% 以下时，风险率增长较缓，水库有一定调洪库容，风险可控，认为该汛限水位调整阶段（23.50~24.60m）风险率较小。当石梁河水库汛限水位抬高 1m 取 24.5m 时，较水库原来汛限水位可增加蓄水量 5743 万 m^3，占兴利库容 2.34 亿 m^3 的 24.5%，增蓄水量折算为经济效益值为 2287 万元，潜在风险损失为 1079.0 万元，总效益为 1207.9 万元，大坝安全风险率为 4.22%。

方案 2：风险率适中效益较高的洪水利用方案（汛限水位 H_i=24.90m）

洪水资源利用大坝安全风险率处于 5%~10% 之间时认为风险率适中与偏高。大坝安全风险率的计算与水库上游来水因素有关，当大坝安全风险率为 10% 时，对应石梁河水库汛限水位为 25.10m，认为取该汛限水位值，上游遇 10

年一遇来水水库的调洪水位会达到或超过设计标准值 Z_d，对大坝安全构成一定风险，但是通过加大泄量能够保证安全，且设计标准值 Z_d 设置为水库设计洪水位，水库还有一定的调洪库容，认为风险率从 5％增加至 10％时，风险等级从适中变化为偏高。

该风险率区间对应石梁河水库汛限水位为 24.60～25.10m，较水库原汛限水位，可增加蓄水量 6974 万～9519 万 m^3。当汛限水位取 24.90m 时，对应增蓄水量 8233 万 m^3，占兴利库容 2.34 亿 m^3 的 35.2％，经济效益值为 3278 万元，潜在风险损失为 1599 万元，蓄水总效益达到汛限水位调整的最大值 1679 万元，风险率为 6.41％。

方案 3：风险率很高效益一般的洪水利用方案（汛限水位 H_i＝25.30m）

汛限水位超过 25.10m 后风险率增加迅速，风险率增速为汛限水位取 23.50～24.50m 时的 5 倍，汛限水位 25.30m 时风险率值已经达到 14.0％，认为风险率很高。遇上游大流量来水，水库调洪水位很容易突破设计标准值 Z_d 而造成损失。

汛限水位 25.30m 对应增蓄水量为 1.08 亿 m^3，经济效益达到 4314 万元，风险损失为 3293 万元，总效益值为 1021 万元，总效益小于前两种方案，且大坝安全风险率 14.0％远大于 4.22％（方案 1）与 6.41％（方案 2）。

在风险损失计算中大坝安全风险损失所占比重较大，达到 80％以上，减小该部分风险损失对减少总风险损失的作用较大。通过风险转移，如增大水库下泄流量使石梁河水库水位处于安全控制范围，可减小大坝安全风险率，但该方法会对新沭河沿岸经济和生态环境会构成影响，不利于洪水资源利用的开展，应慎重选择。

通过比较可知方案 2 的综合风险率适中且综合效益最大，是水库汛限水位调整利用洪水资源较为理想的选择方案。

图 6.6 为汛限水位调整各方案主要指标的变化趋势图，其中纵坐标为各指标与方案 1 各指标的相对值。

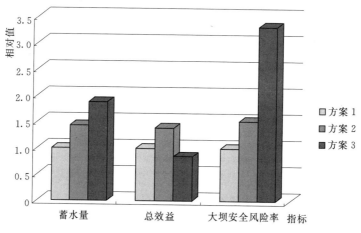

图 6.6 汛限水位调整主要指标变化情况

6.4　雨洪资源利用风险规避措施

6.4.1　洪水灾害风险规避相关准则

我国十分重视洪灾的防治工作，经过多年实践，积累了丰富的防洪经验，防洪减灾理念也在不断更新。

1998 年长江大洪水后，我国对防洪工作进行了战略性的调整，强调在流域生态系统重建的大框架下部署防洪建设；在管理上实现洪水控制向洪水管理转变。洪水灾害是我国最严重的自然灾害。其严重性主要体现在两个方面：洪水灾害发生频率居各类自然灾害发生频率之首，洪水灾害造成的直接经济损失最大，其中洪水灾害损失占各类自然灾害总损失的比重达 40％以上。

随着防洪事业快速发展，洪水灾害得到了基本控制，但洪水灾害发生频率仍然较高，主要表现为大江大河洪水灾害和山地丘陵洪水灾害。江河洪水灾害成因主要有两个：一是气候异常导致极端暴雨，时空分布极不均，加之不利地形，发生局地特大洪水或恶劣洪水组合；二是不合理的人类活动，高坝大库增多，河道湖泊淤积萎缩，洪水下泄不畅，加重了洪水灾害损失。山洪灾害形成的原因有三方面：降水是山洪形成的动力因素，降水量大、强度高、历时长的降水是导致山洪暴发的致灾因子；地形、地质对山洪灾害的形成影响较大，是山洪灾害的物质基础和潜在条件；不合理的人类活动，例如，流域过度开发、城镇建设不规范等。

随着我国防洪减灾体系日益完善及全球气候变化影响日益显著，我国洪水灾害体现出以下新特点和新变化：洪水多样性更突出人类活动影响增强；"人水争地"的现象明显；不合理的流域开发引发水土流失，致使河道淤积萎缩，产生"小洪水，高水位"等不利局面，常导致"小水大灾，大水巨灾"；盲目围垦导致湖泊萎缩，洪水调蓄能力降低；无节制地侵占蓄滞洪区，严重影响洪水调度决策；高坝溃决风险加大，山洪灾害日益突显。

针对以上洪水灾害的特点，可以总结出相应的洪水资源利用风险规避的措施。

（1）切实更新防洪减灾理念，加快向"工程与非工程措施并重、防洪工程与抗洪抢险相结合"的新型防洪减灾模式转变。在以工程措施为主的传统防洪模式的基础上，更应该注重非工程措施在防洪减灾中的应用，最大限度地发挥各类工程措施与非工程措施的防洪减灾效益。建立一整套适合我国国情的防洪风险规避长效机制，主要包括：灾前预防常备机制，例如，防洪规划、防洪立法、教育培训、洪水保险、工程建设与管理以及防洪减灾预案等；灾中决策会商机制，例如，水文气象预报、防洪工程调度、抗洪抢险与物资调配以及人员疏散等；灾后救济与重建机制，如灾情评估、组织灾民生产自救，灾后保险理赔、防疫控制以及工程维修与重建等。

（2）加大科研力度和投入，努力提高气象预报和水文预报精度，为洪水预报提供更为准确可靠的信息支持。增加科研资金，全面研究和评估全球气候变化给我国洪水灾害发生与防洪减灾形势带来的不利影响，时刻警惕极端暴雨洪水事件的发生，广泛运用新型的、先进的信息处理技术，建立起适用于我国的陆-气耦合洪水预报调度决策平台。

（3）整合各类防洪资源，实现优化配置，进行科学调度，最大限度地发挥各类工程的效能，动态控制水库汛限水位，努力提高水库防洪能力。

（4）加大《中华人民共和国水法》《中华人民共和国防洪法》《中华人民共和国水土保持法》以及《中华人民共和国河道管理条例》等各项法律法规的执行力度，规范流域开发行为，坚决打击侵占河道与蓄滞洪区的非法活动。同时，进一步完善我国在防洪减灾方面的法律法规，改变防洪方面无法可依、有法不依的不良现象，加强普法宣传力度，树立全民防洪减灾意识，控制人类活动对防洪减灾产生的不利影响。

（5）强化高坝大库溃决的风险意识，合理设计、科学管理和运行，进行风险评估，建立风险规避机制。一是在大坝设计和建设阶段，要充分论证，选择切实合理的防洪标准，精心设计和施工，加强工程监管；二是在大坝运行管理阶段，要科学运行，牢固树立风险意识，进行水库防洪风险研究，深入研究可能出现的最大风险及其危害，并制定相应的、可行的避险预案。

6.4.2 连云港市雨洪资源利用风险规避措施

雨洪资源利用风险规避，需要针对相应的雨洪资源利用方式。找到主要风险所在，寻找并得出相应的风险规避措施。

连云港市雨水资源利用的风险较小，只要修建相应的集雨设施、净化设施、雨水下渗装置等就可以进行一般性的雨水资源利用，在进行大规模的雨水资源利用中如何保证雨水的水质是一个关键因素，为此就需要配套建设雨水水质监测装置，对收集到的雨水进行监测。在城市雨水资源利用中已经采用的方法有雨污分流，使雨水污水各行其道，避免污水对雨水的污染。连云港市也可以采取雨污分流的办法，减少污水，增加城市可利用水量。

连云港市洪水资源利用的风险可分为3个大的方面：水量方面、生态环境方面和水质方面。

水量方面的风险主要指流域上游地区洪水对本市洪水资源利用的影响。用水库进行洪水资源利用的过程中可以采取如下方法来规避风险。首先，要加强洪水预报，加强水库实时水位的监测并与上游来水实时降水建立联动，实时调度保证水库水位处于安全可控制的范围。其次，要对水利工程定期检测，消除隐患，例如，对大坝进行除险加固，定期检修泄水闸门等保证在洪水资源利用过程中，遇到上游大流量来水时，不至危害大坝安全。再次，水库下游河道要定期疏浚，保证其泄洪能力。

生态环境方面的风险主要是洪水资源利用使局部小环境发生改变的风险，由于石梁河水库周围已形成相对稳定的生态环境，而洪水资源利用只是通过采取动态的水库汛限水位方法来实现，对环境的影响有限。可以加强对水库周边的巡查，发现问题，及时采取相应措施。

水质方面的风险规避可以通过增加对流域上游来水的水质监测，以及控制汛期沿线污水排放点的不达标排放，来保证进入本地雨洪资源利用工程的水质。除此，还应该加强本地的环境治理，减少农业面源对水体的污染，设置缓冲区或垃圾回收站防止沿岸居民点生活垃圾等被直接抛入水域。

第7章 连云港市洪水资源
利用风险图绘制

　　洪水风险图作为非工程防洪措施的重要组成部分，洪水风险图可为防汛部门在洪水灾害发生时指导民众避难提供参考，从而减少洪灾损失。在最佳均衡汛限水位确定的基础上，引入洪水风险图对下游防洪保护区的影响进行可视化。本章在 InfoWorks RS 软件构建一维、二维耦合水文水力学模型的基础上，用 GIS 绘制洪水风险图。

7.1　洪水分析方法选择

　　洪水风险图编制所采用的洪水分析方法归纳起来可以分为三种：第一种是地貌学法，是根据某些地貌单元，例如，表征洪水灵敏度的天然堤和老河道，来估算洪水风险；第二种是实际洪水法，是根据实际发生过的洪水淹没资料对洪泛区进行实际调查，并以历史洪水痕迹，一些特定位置点的观测记录以及在大洪水期间的航测照片为基础，确定洪水水面线和淹没范围，来评估洪水风险；第三种是水文水力学法，是运用水文力学模型求得淹没面积、水深和持续时间，并将模型所概化的实际洪水演进模型的地形、河道、阻水建筑物等自然地理信息以及洪水信息，按程序规则输入计算机，根据基本模型得出水流时间、水位、流速、流向等水力特征值的信息，进而据此绘制洪水风险图。

7.1.1　地貌学法

　　地貌学法是根据地貌单元（如表征洪水灵敏度的天然堤和老河道）来估算洪水风险。洪泛区的地形及其泥沙沉积是河流长期多次重复泛滥形成的，研究其地形和泥沙能揭示洪泛区洪水的大部分历史，同时现有地形特征也影响着洪水泛滥的范围和特征，因此它可以预示将来洪水泛滥趋势，可以此来估测洪泛区的洪灾风险。其基本特点主要是：①一般适用于流量资料短缺的地区；②特别适用于研究洪水可能淹没面积很大的大范围洪泛区；③不仅可以估计洪水范围和会遭洪水淹没的地区，也可定性地估计淹没形态；④不能估计流域防洪设施和都市化的效应；⑤编制洪水风险图费用较低。

7.1.2　实际洪水法

　　实际洪水法的基本假定是流域自然地理特征保持基本不变条件下，洪水具有重现性。流域历史上已经发生过的大洪水实际淹没情况，可以作为现在和未来同类洪水重现时的淹没状态。分析历史洪水淹没实况主要有以下几种途径：

（1）对于近期发生的洪水，利用流域实测水文资料和灾情资料可以较为可靠地分析洪水特性及相应的淹没范围、淹没深度和淹没时间。

（2）对于缺乏资料或年代较为久远的洪水，可以通过调查考证的途径分析洪水发生时的淹没情况。

（3）通过对洪水地貌分析，可以大致判断洪水径流的强度、范围和水深，作为分析淹没实况的依据。

（4）对于河流早已改道、远古时代发生的大洪水，可以通过水文地质地貌分析并结合水力学方法估计古洪水的水位和流量，近似推算古洪水重现时的淹没情况。

实际洪水法中，洪水演进的流速、水深等特征值只能靠估算得出，故其成果精度较低，用途也会受到限制。但是，该法容易绘出淹没面积和淹没深度的略图，并且因为淹没面积、深度是建立在实际洪水的基础上，所以较为可靠。

7.1.3　水文学和水力学法

水文学和水力学方法是根据流域现状或规划条件下土地利用特征和工程条件，采用水文学和水力学方法分析流域洪水泛滥后的淹没状况。目前，国内外流行的水文学和水力学方法与模型众多，采用何种方法和模型应该针对流域水文地理特征、工程调度方式、资料条件以及计算精度来选择。

1. 水文学法

以洪水不确定性反映洪水风险。通过洪水风险分析、区域水文分析，获取不同洪水频率的洪量、水位等信息，然后绘制不同频率洪水的淹没范围、淹没水深，最后完成不同频率的洪水风险图。

2. 水力学法

水力学法是基于不同洪水调度或工程运行条件下，根据洪水过程中的水力学特征值变化情况，研究洪水发生时可能的威胁及危害程度。洪水风险分析一般采用一维水力学法和二维水力学法。一维水力学法主要用于推求不同频率的河道水面线；二维水力学法主要用于分析堤防、大坝溃决后的洪水演进路径、淹没区范围。

根据《洪水风险图编制技术细则》规定，洪水分析方法的选择应遵循以下原则：

（1）尽量采用水力学法。

（2）资料条件不能满足水力学法计算要求，且水文学方法能够满足洪水风险图编制精度要求时可采用水文学法，如小面积封闭区域洪水分析。

（3）对于确定设计标准洪水比较困难的地区或需分析典型历史洪水淹没情况的，可采用实际水灾法。本文采用水文水力学法来计算水库汛限水位调整后对下游防洪保护区的影响。

7.2 一维、二维耦合水文水力学模型构建

7.2.1 InfoWorks RS 软件简介

InfoWorks RS 是 Wallingford 公司开发的一款河网水力水质模拟软件，可用于河网、湖泊、明渠等的水动力学计算模拟。RS 内嵌了先进的 ISIS 仿真引擎，先进图形分析表现功能和关系数据库，可模拟流域降雨径流、明渠、滞洪区、堤坝和复杂的水工结构，包括堰、水闸、桥、泵等多种水工设施和建筑物，并且可以通过引入逻辑关系命令，按照实际的操作规则，编写相关的命令，使得水工建筑物按照调度规则来运行。模型基础网络由河道断面、下垫面地形数据以及上下游边界点构成。

InfoWorks RS 能够综合各种常见地面数字高程模型 DEM/DTM，直接从 AutoCAD、GIS 或文本文件导入地面高程模型，可直接导入栅格高程模型和 TIN 不规则三角网格高程模型。网格划分是 2D 模型分析计算中的关键因素。InfoWorks RS 采用三角网格进行划分，利用内置网格自动划分工具，能够迅速辅助客户划分网格，用户可根据地形地貌和感兴趣区域自动调整不同区域的网格大小，在更为复杂或更感兴趣的区域使用更高的分辨率，可节省运算，同时还保证模拟精度；允许用户考虑流域不同下垫面因素，可根据主槽、滩地情况设置不同网格区的糙率；并且允许用户根据实际的构筑物、建筑物和墙体等，设置网格划分边界。

成果的表现包括在地理背景下的动态演示，纵断面、横断面视图以及利用图、表的成果分析报告，该软件的成果表达形式丰富。首先，已运行成功的模拟可以通过软件自配的录制功能，在平面或者纵断面视角全过程录制或者截取部分录制下来，自动生成 AVI 文件供用户调用和阅览。其次，对于河道每一个断面，软件都提供了三大种结果查看方式：第一种是断面视图方式。该方式显示了断面的剖面以及实时的水深状况，可以随模拟的进行不断变化；第二种断面过程线方式。该方式可以显示的内容包括该断面全过程的水位、流量、流速、弗劳德数等，用户可以根据自己的需要选择其中的一个或者两个进行查阅；第三种是断面时刻数据方式。该方式将过程线方式中的所有可显示数据以表格的方式呈现出来，用户可以自由定义数据保存到时间步长。最后，软件可以将视角由二维拉大到三维，立体的呈现全流域的水动力过程。最新版本中加入了水深的影像设置，看起来更加的逼真、生动。除此之外，软件还可以完成断面间的数据对比、模拟成果与实测对比等，并且可以生成相关的成果报告供用户参考。

InfoWorks RS 包含一维模块和二维模块，既可运用于一维河道洪水演进模拟，也可用于二维洪泛区以及分洪区、水库、湖泊等的水动力模拟。因此，在资料齐全的情况下，可建立起河道与水库、湖泊、洪泛区等的一维二维联合演进模

型，包括堤坝、闸门等水工建筑物的模拟，这样使得流域整体模型的实现成为可能。本文通过该软件内嵌的 ISIS 河道水动力模拟程序实现水动力模拟的需要。

7.2.2 模型计算原理

7.2.2.1 一维计算原理

InfoWorks RS 河网水动力学模型在综合考虑河流、湖泊、外部控制及内部控制相互作用的同时，考虑了水体的质量守恒和动量守恒等必要条件，由圣维南方程组表示质量和动量的守恒。

连续方程为

$$\frac{\partial Q}{\partial x} + \frac{\partial A}{\partial t} = q \tag{7.1}$$

式中：Q 为流量；x 为距离；A 为各断面过水断面面积；t 为时间；q 为旁侧入流。

动量方程为

$$\frac{\partial Q}{\partial t} + \frac{\partial}{\partial x}\left(\frac{\beta Q}{A}\right) + gA\frac{\partial H}{\partial x} - gAS_f = 0 \tag{7.2}$$

式中：A、Q、H 分别为过水面积、流量、断面水位；S_f 为摩擦比降。

$$S_f = \frac{Q|Q|}{K^2} \tag{7.3}$$

其中 K 由河道流量因数和相关曼宁数组成的方程得到

$$K^2 = \frac{A^2 R^{\frac{4}{3}}}{n^2} \tag{7.4}$$

$$R = \frac{A}{P} \tag{7.5}$$

式中：R 为水力半径；P 为湿周长度；n 为曼宁糙系数。

由于圣维南方程组是一个一阶双曲线型拟线性偏微分方程组，数学上目前还无法得到精确解，随着高速度、大容量计算机的问世及计算技术的发展，使得直接用数值方法求解圣维南方程组成为可能，并且得到飞速发展和广泛的应用。InfoWorks RS 软件采用稳定性 Preissman 四点隐格式数值解法求解圣维南方程组。Preissmann 隐式差分，突破了显式格式对时间步长 d_t 要施加限制的缺陷。离散方式是一个四点隐式，如下：

$$\frac{f}{m} = \frac{\theta}{2}(f_{j+1}^{n+1} + f_j^{n+1}) + \frac{1-\theta}{2}(f_{j+1}^n + f_j^n)$$

$$\frac{\partial f}{\partial x}{m} = \theta\left(\frac{f_{j+1}^{n+1} - f_j^{n+1}}{\Delta x}\right) + (1-\theta)\left(\frac{f_{j+1}^n - f_j^n}{\Delta x}\right) \tag{7.6}$$

$$\frac{\partial f}{\partial t}{m} = \frac{f_{j+1}^{n+1} + f_j^{n+1} - f_{j+1}^n + f_j^n}{2\Delta t}$$

式中：θ 为加权系数，$0 \leqslant \theta \leqslant 1$。

通过 Preissmann 格式对圣维南方程组进行离散，得到以增量表达的非线性方程组，忽略二阶微量简化为线形代数方程组，可直接求解。

7.2.2.2 二维计算原理

二维计算原理是描述水流运动的二维非恒定流方程组，共包含三个方程：水流连续性方程，水流沿 x 方向的动量方程和沿 y 方向的动量方程，形式如下：

$$\left.\begin{array}{l} \dfrac{\partial z}{\partial t} + \dfrac{\partial (vh)}{\partial y} + \dfrac{\partial (vh)}{\partial y} = 0 \\[3mm] \dfrac{\partial u}{\partial t} + u\dfrac{\partial u}{\partial x} + v\dfrac{\partial u}{\partial y} + g\dfrac{\partial z}{\partial x} + g\dfrac{n^2 u \sqrt{u^2 + v^2}}{h^{4/3}} = 0 \\[3mm] \dfrac{\partial v}{\partial t} + u\dfrac{\partial v}{\partial x} + v\dfrac{\partial v}{\partial y} + g\dfrac{\partial z}{\partial y} + g\dfrac{n^2 v \sqrt{u^2 + v^2}}{h^{1/3}} = 0 \end{array}\right\} \quad (7.7)$$

式中：t 为时间，s；n 为曼宁糙率系数；x，y 为直角坐标系的横纵坐标，m；u，v 为 x，y 方向的流速分量，m/s；z，h 为 (x, y) 处的水位和水深，m；$g\dfrac{n^2 u \sqrt{u^2 + v^2}}{h^{4/3}}$，$g\dfrac{n^2 v \sqrt{u^2 + v^2}}{h^{4/3}}$ 为 x，y 方向的水流运动阻力。

根据以上方程组，利用迭代法求解即可得到每一时刻在 (x, y) 处的水位 z、水深 h 以及 x，y 方向的流速 u，v。

7.2.3 建模基础数据

InfoWorks RS 软件构建模型及计算需要如下数据支撑：

（1）连接表。包含河道、渠道和各种复杂水工建筑物模拟功能以及水闸、堰、桥梁、涵管、泵站、虹吸管、孔口入流和排水口等；同时还包括虚拟的关联性连接，即关联河流系统与实测水文数据等边界条件的连接等。

（2）节点表。包含河道断面、溢流单元、水库、池塘、溢洪点、河道交汇点等的基本属性数据表，其中还包括河道的断面尺寸、沿断面的水文参数变化曲线表等。

（3）边界条件表。记录模型的各种边界条件的属性表，包含用户定义边界入流、出流曲线表、入流量时间表、流量水位曲线表、水位时间曲线表以及降雨、蒸发时间曲线表等。

（4）新 2D 对象表。包含 2D 模拟多边形、网格多边形、集水多边形、糙率多边形等的基础属性数据表。

7.2.4 一维、二维模型耦合机制

一维河网模型与二维洪泛区模型通过"溢流单元"上的连接条件实现模型耦合，"溢流单元"是河道堤防所在的位置，溃口则设置于此处。河道溃口上下游水流信息的交互如图 7.1 所示。在溃口处二维计算单元一般通过多个网格点与一

维计算单元连接，由于一维模型计算结果中的水力参数是物理量的断面平均值，二维模型计算出变量的是各网格中心处的节点值，因此在溃口连接处需要对一维、二维模型的交换数据进行转化和衔接。一维模型为二维模型提供流量值 Q 作为二维模型的边界条件，将 Q 值分布到二维计算单元的各节点上；在连接处二维计算网格的水位值并不相等，因此取各个计算网格的平均水位值 Z 返回给一维模型，以进行下一时段的计算。一维、二维耦合模型的关联模式如图 7.2 所示。

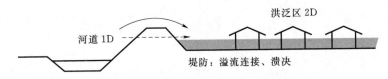

图 7.1　溃口上下游水流信息交互示意图

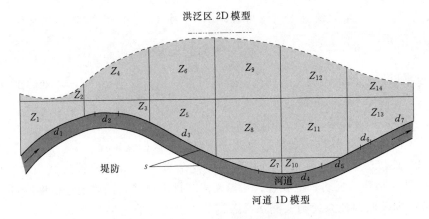

图 7.2　一维、二维耦合模型示意图

7.3　参数率定及模型验证

7.3.1　参数率定

7.3.1.1　糙率影响因素

　　糙率为表征边界表面对水流阻力影响的各种因素的综合系数，也是衡量河流能量损失大小的一个特征量。它与河床、岸壁的粗糙度大小，河流断面形状，床面、岸壁地质特性，水流流态及含沙量等因素有关。因此它不仅沿河道变化，也随水流的水位、流量变化而变化。对各种因素对糙率的影响有一个基本的了解，有助于在不同的设计条件下选择合适的糙率值。河道下垫面影响因素主要受以下因素影响。

1. 表面粗糙度

表面粗糙度是指构成湿周的物质颗粒的大小和形状，这些物质颗粒对水流产生阻力。表面粗糙度常被认为是决定粗糙系数的唯一因素，但实际上它只是几个主要影响因素之一。一般来说，细颗粒的值相对较小，而粗颗粒相对较大。在冲积河流中，湿周颗粒较细，如沙子、黏土或淤泥，它的阻力远小于粗颗粒，如石或鹅卵石。当颗粒较细时，河道 n 值（糙率值）较小且不容易受水位改变的影响。当湿周物质由碎石或鹅卵石组成时，河道值通常较大，鹅卵石聚集在河流底部，使河床比河岸更粗糙，低水位时的糙率值增大，在高水位时，水流的一部分能量消耗在推动鹅卵石向下游滚动上，n 值（糙率值）增大。

2. 植被

植物覆被可以认为是一种表面粗糙度，它也会显著地减少渠道的过流量，对水流产生阻力。由植被所引起的附加阻力决定于植被的许多特征因素，比如植物类型、形状、长势苗壮或萎弱、密度、高矮以及水流因素如流速、水深等，确定植被的糙率在设计小的排水沟时尤为重要。美国水土保持部在铺有杂草的渠道上做了一系列试验，发现这些渠道的 n 值随渠道的形状、断面、底坡和水深而变化。所有其他因素都相同的两个渠道，由于影响糙率的植被比例更大，平均高度更小的渠道糙率值更大。因此，三角形渠道的值比梯形渠道的值更大，宽阔渠道的值比狭窄渠道的值更小。水深很大时，水草受水流作用而弯倒，水流受阻面积减小，值减小。陡坡使水流流速增大，水草弯倒甚至匐伏到地面，n 值减小。

3. 河道的不规则性

河道的不规则性是指湿周的不规则和断面形状、大小的沿程变化。在天然河道中，这种不规则性主要表现在河床上存在沙洲、沙浪、沙脊以及深潭、弯曲等。这些不规则性必然引起糙率的变化。一般来说，断面形状、大小的逐渐规则变化不会显著影响糙率值，但急剧的变化或大小断面的交替变化就会引起糙率的大大增加，在这种情况下，n 值可能增大或者更多。

4. 河道弯曲

河道弯曲处以大半径光滑曲率过渡则 n 值较小，反之则 n 值较大。

5. 沉积和冲刷

一般来说，沉积可能使得一个很不规则的河道变得相对规则，n 减小，而冲刷对河道的作用相反而使得 n 值增大。

6. 障碍物

桥墩、河工建筑物，如丁坝、潜坝等之类的障碍物会引起 n 值的增大。n 值增大的多少取决于障碍物的性质、尺寸、形状、数量和分布。

7. 水位和流量

由于低水时，规则性显现出来，对 n 值的影响变大，因此多数河流值随水位和流量的增大而减小。然而，当河道岸壁粗糙或多植物时，河道的 n 值可能在水位增高时变大。判断某个因素对糙率值影响大小的总的原则是如果它引起水流紊动和阻滞水流则将引起值增大，相反则值减小。

7.3.1.2　糙率变化规律

糙率是反映多种因素综合作用的一个阻力系数，糙率随水深变化间接地反映了各河段各级水位下多种影响因素的综合作用，表现出迥然不同的水深-糙率关系曲线。

1. L 形曲线

一般的单一河槽，河床阻力较大，中、高水位以上岸边阻力影响不大，n 随 h（水深）的增高而减小，且渐趋稳定。这种类型的曲线，中、高水位时 n 值变化幅度很小；水位降低时，n 值渐大；水位很低时，相关点紊动加剧，n 值变化极不稳定。因河道情况不同，不同河流 L 形曲线形状还有一定的差别。

2. C 形曲线

河段内底坡不均匀或由乱石组成，在常水位以下岸壁植物较少，阻水因素较小，而至常水位以上某一高程岸壁粗糙、植被茂密、阻水因素较多，因此低水位时河床 n 值较大，n 随水位的升高而减小，在常水位以上，随水位升高而增大。此类河段河床相对狭窄，多处于深山区，为洪水陡涨河流。

3. J 形曲线

窄深单一河槽，河床床面较平整，由砂质或砂砾组成，低水位时值较小，高水位时岸边阻力较大，糙率随水位增大而加大，在一定高水位以上趋近于常数。

4. 复式断面糙率曲线

有明显边滩的复式河床，边滩、河槽糙率不同，受滩槽之间水流动力传递的影响，断面值变化较复杂。如主槽类似于一般河道，在主槽内，随水位增加而减小，若不分别计算主槽、滩地值，断面取综合糙率，则水位漫滩后糙率略有增加，最后趋于常数。例如，主槽为窄深型，随水位增高而增加，则水位漫滩一定深度后，综合糙率值渐趋稳定。有理论分析和模型试验认为，将复式断面作为单一断面，计算流量偏小而简单地将主槽、滩地分开计算，则合计流量偏大。实践中为避免较大误差并易于确定值，一般仍采用主槽、边滩分开计算流量，n 值也分主槽、边滩分别确定。

其他情况下值的一般变化规律从工程实践中可知，河道断面糙率除受诸多具体因素的影响呈多种型式变化外，n 值还与河道的宏观条件有关。在全河流内，上游 n 值一般大于下游。在不同流域间，一般深山区、流域面积小、河床相对较窄浅、比降大的河道，n 值较大。河道上筑坝建库后，由于水深增加较多，一般与建库前大洪水时值基本相同河道或水库淤积后，由于河床组成物质细化，n 值应略小于淤积之前而人工河道或渠道运行一段时间后，n 值可能有一定幅度的加大。

模型率定的方法是调整河床糙率值，使水位和流量的模拟值与实测值尽量吻合。可以对河道中各个断面以及每个断面中沿横向和垂向位置定义不同的糙率值，这对主槽和滩区有明显不同糙率的河流非常关键。

7.3.2 模型验证

由《洪水风险图编制技术细则》可知，水力学模型验证要求如下：

（1）验证结果与实际洪水的最大水位误差（实测水位与计算水位之差绝对值的最大值）小于等于 20cm。

（2）最大流量相对误差（实测流量与计算流量之差的绝对值/实测流量）小于等于 10%。

（3）将淹没面积、淹没水深等计算结果与实测资料进行综合对比，具有合理性。

7.4 基于 GIS 的洪水风险图绘制

7.4.1 洪水风险图绘制步骤

洪水风险图是直观反映某一区域遭遇洪水时的风险信息的专题地图，是对可能发生的超标准洪水的洪水演进路线、到达时间、淹没水深、淹没范围及流速大小等过程特征进行预测，以标示洪泛区内各处受洪水灾害的危险程度的一种重要的防洪非工程措施。洪水风险图编制的一般工作流程如图 7.3 所示。

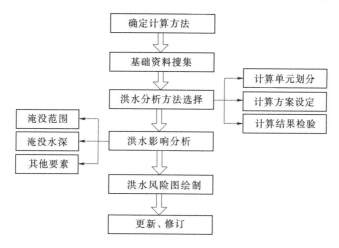

图 7.3 洪水风险图编制工作流程图

洪水风险图严格遵守《洪水风险图编制技术细则》中的数据编码、符号样式、色彩、图层信息着色等技术规范要求，针对各类洪水模拟方案模拟成果并结合区域经济社会与人口分布状况进行绘制，绘制内容包括基本洪水风险图到达时间图、淹没历时图和淹没水深图。

洪水风险图绘制步骤如下：

（1）将行政区划图、地形图、水系图、防洪工程分布图合成为工作底图。

（2）依据洪水风险分析提供的信息，在工作底图上绘制不同计算方案洪水-淹没范围、淹没水深、到达时间图及避洪转移图。

（3）明确标示风险图标题、图层图例、指北针、风险图编制单位、风险图编制日期、风险图发布单位、风险图发布日期等辅助信息及与该风险图编制相关的洪水计算条件、洪水计算方法、洪水损失统计、重要保护对象等的相关图表或文字性说明。

7.4.2 洪水风险图信息

洪水风险图信息包含基础底图信息、防洪工程信息、防洪非工程信息、风险要素信息、社会经济信息和延伸信息。

（1）基础底图信息主要指国家基础地理信息标准规定的、具有空间分布特征的地理信息。主要包括县级以上行政区、居民地、主要河流、湖泊、主要交通道路、厂矿、医院、学校、商场、银行、公园、运动场地以及供水、供气、输变电等基础设施等。

（2）防洪工程信息指防洪工程数据库规定的、具有空间分布特征的、与洪水风险密切相关的信息。主要应包括控制站、水库、堤防、海堤、蓄滞洪区、圩垸、跨河工程、穿堤建筑物、水闸、泵站、险工险段信息等。

（3）防洪非工程信息指防洪区土地利用规划、防洪减灾、洪水保险等领域实际工作中采取的以非工程形式管理洪水风险的、具有空间分布特征的信息。主要应包括防洪区土地利用规划、防汛道路、撤退道路、避险地点、避险楼台、洪水预警报点、防汛物资、抢险队伍等。

（4）风险要素信息指通过洪水分析计算得到的、反映洪水风险各要素的、具有空间分布特征的信息，如淹没范围、淹没水深、洪水流速、到达时间、淹没历时等。

（5）社会经济信息指洪水影响区内的人口和资产信息。

（6）延伸信息是指不具备空间分布特征的、依附于风险图中某一图层中的对象或者整张洪水风险图的，反映防洪措施特征的或洪水风险的产生、计算、管理以及各种受洪水影响的社会经济信息统计等所延伸出来的信息。依附于整张洪水风险图的信息主要包括：洪水特征、计算条件说明、可能损失统计、应急预案等。依附于图层中对象的信息主要包括依附于各行政区的人口、人民生活、各个产业的资产信息；依附于防洪工程的各类相应信息；依附于防洪非工程的各类相应信息。

7.5 石梁河水库洪水风险图绘制

江苏省石梁河水库位于新沭河中游，江苏、山东两省的赣榆、东海、临沭县三县交界处，水库承泄新沭河上游和沂河、沭河部分来水，担负沂沭泗流域洪水调蓄任务，是一座具有综合功能的大（2）型均质土坝水库。水库按100年一遇的洪水设计，2000年一遇的洪水校核。石梁河水库下游新沭河堤防工程的设计标准为20年一遇的洪水，连云港市区位于新沭河下游南岸。当水库及下游区域发生超标准洪水时，不仅库区面临洪水淹没风险；水库下泄洪水也对新沭河堤防产生威胁，进而给下游包括连云港市区居民生命财产安全带来风险。所以，针对石梁河水库构建一维、二维耦合模型、绘制洪水风险图，对连云港市的防洪减灾工作具有重要意义。

7.5.1 一维、二维耦合模型构建

石梁河水库下游防洪保护区模型的构建遵循由简到繁、由点到线的原则，先对具体单一的网络对象进行设定，然后再将这些对象关联起来，从而建成石梁河水库下游防洪保护区模型。构建过程如下：

1. 河网概化

创建河道时，首先需要绘制河流中心线，确定河流位置、长度和走向。在新沭河整体保护区模型构建中，共绘制河流中心线12条。

2. 断面概化

断面是一维模型计算的基本单元，断面创建有以下三种方式：

（1）实测断面：对于有实测数据的断面，将断面数据导入模型，之后移动到断面相应的位置，并对其进行旋转，使其垂直与河道中心线。

（2）水普断面：对于没有实测数据，但是有水普资料的断面，根据水普资料提供的河道宽度、河底宽度、河底高程以及边坡比，将断面概化为规则的梯形断面。

（3）无数据断面：对于没有数据的断面，根据Google影像确定断面宽度并概化为矩形断面，河底高程则根据上下游河流的已知底高程确定。石梁河下游整体模型构建共创建断面367个。

3. 河道连接

采用河道连接对象概化河道，河道连接创建于断面之间，其长度代表河流长度。新沭河整体模型构建共创建河道连接总长度为329km。

4. 水工建筑物

本次模型构建中所需概化的水工建筑物主要包括闸门和泵站，这些水工建筑物创建于断面之间，其中，闸门以线型对象概化，泵站以点型对象概化。对于水

工建筑物，在创建对象之后，需要输入建筑物对应的几何尺寸信息，然后对建筑物的运行规则进行设置。

5. 地形数据

地形数据是二维模型计算的基础，本次模型构建采用的地形数据为 1∶10000DEM，5m×5m 的栅格数据。对于 1∶10000 的地形数据来说，无法反映道路、堤防等挡水建筑物的高程，因此，需要根据实测的道路和堤防高程数据对地形数据进行更新。

6. 溢流单元

一维河网模型与二维洪泛区模型之间采用溢流单元连接，溢流单元以线型对象概化，新沭河整体模型构建中，共创建溢流单元 618 个。

溢流单元与二维计算区间之间采用完全拟合的方式连接，而与一维河网模型之间则采用溢流连接的方式连接。自此，完成各单一对象的设置。将上述各对象链接，则构成新沭河片防洪保护区整体计算模型。

7. 网格划分

本书采用 2D 区间概化二维模拟区域，2D 区间以面状对象概化，根据子分区的划分，保护区内共创建 13 个 2D 区间，每个 2D 区间的最大网格面积为 0.4km²，最小网格面积为 0.08km²，最小角度为 25°，糙率则根据下垫面条件的不同分别确定。

网格划分时以计算域外边界、区域内堤防、阻水建筑物、较大河渠、主要公路、铁路作为依据，采用无结构不规则网格。新沭河片防洪保护区道路和堤防众多、纵横交错，当二维网格初步完成后，需要进行网格优化，以避免二维模型的计算网格尺寸不均，或出现面积很小的网格，影响计算的精度和时间。网格优化的具体过程为：首先，对道路和堤防进行抽稀处理，根据之前设定的网格尺寸，确定 300m 插入一个节点；其次，需要对交汇点进行修正，使所有交汇点都完全拟合；完成以上两步后，开始对划分网格进行优化。优化后的石梁河水库下游防洪保护区模型共生成计算网格 16978 个。

石梁河水库下游一维、二维耦合模型北以朱稽副河为界，南以鲁兰河为界，西以石安河和石梁河水库为界，东以蔷薇河为界，整体模型如图 7.4 所示。

7.5.2　参数率定及模型验证

参数率定根据《沂沭泗河洪水东调南下续建工程实施规划》，确定石梁河水库下游防洪保护区模型河道主槽糙率为 0.0225，滩地糙率为 0.035。

石梁河水库下游防洪保护区计算范围内无水文站，缺乏有效的模型验证对比数据。为此，采用新沭河恒定流计算水面线与设计水面线进行验证。

新沭河石梁河水库以下设计行洪规模为 6000m³/s。新沭河临洪口设有潮位站，根据连云港潮位站 40 多年的实测潮位资料分析，原新沭河口设计潮位

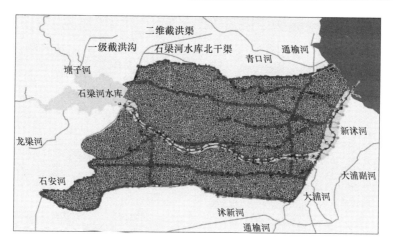

图 7.4 一维、二维耦合模型计算网络图

3.86m 相当于 63 年一遇，考虑东调南下二期工程 50 年一遇洪水设计标准，相应海口设计起始水位采用 50 年一遇洪水的 3.58m。

本次验证计算新沭河是采用本次实测河道断面资料，糙率取《沂沭泗河洪水东调南下续建工程实施规划》推荐的糙率值。确定新沭河防洪保护区模型河道主槽糙率为 0.0225，滩地糙率为 0.035。

在新沭河行洪 6000m³/s 设计流量条件下，将计算结果与新沭河沿程设计水位进行对比，对比结果见表 7.1 和图 7.5 所示。从图中可见，新沭河沿程水面线计算值基本略低于设计值。水面线总体趋势计算值与设计值吻合较好。上段石梁河闸下、蒋庄闸上位于丘陵地带，河堤比降相对较大，计算值与设计值差别略大，误差处于可接受范围之内。朱圈桥上至太平庄闸上段，设计值低于计算值是合理的，表明太平闸闸下整治工程及三洋港挡潮闸发挥了作用。

表 7.1   新沭河沿程计算水位对比表

位　置	桩号	设计水位/m	计算水位/m
石梁河闸下	0+000	15.332	14.98
蒋庄闸上	8+100	11.857	11.66
墩尚桥上	20+000	8.772	8.69
朱圈桥上	25+500	7.599	7.76
太平庄闸上	30+810	6.45	6.22

7.5.3 典型方案分析

将新沭河发生 100 年一遇洪水罗阳溃口溃决方案作为典型方案，具体分析新沭河北堤溃决洪水对保护区的影响。新沭河 100 年一遇洪水，石梁河水库设计下

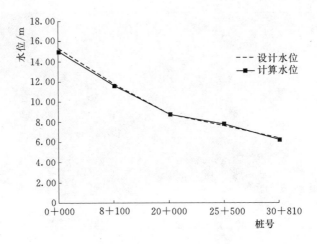

图 7.5　新沭河沿程断面水位过程线验证结果

泄过程（限泄 7000m³/s），新沭河罗阳段水位高于 6.90m 时发生溃决，罗阳溃口（最终溃口宽度 200m，溃口底高程 2.93m，溃口深度 8.16m，溃口发展时间 1h，溃口最大流量 1850.82m³/s，累计水量 33494.68 万 m³）；其他河道取年最大流量多年平均值，下游取多年平均潮位 3.01m，不考虑区间降雨，现状工程调度；范河堤防挡水；计算时段 9d。

1. 洪水演进过程

当新沭河发生 100 年一遇洪水，罗阳溃口溃决时，淹没区位于范河与新沭河之间的区域，最大淹没面积为 101.31km²，淹没区主要涉及墩尚镇、宋庄镇、沙河镇、青口镇 4 个乡镇，洪水在保护区内的演进过程如图 7.6 所示。

此种进洪条件下，洪水从罗阳溃口进入保护区。溃决开始时刻，洪水向牛腿河方向演进，当到达牛腿河时，受河道堤防阻挡，洪水沿牛腿河南岸向东西两侧泛滥，溃决 3h 后，淹没面积达到 7.54km²，墩尚镇内岭灶村及河口村受淹［图 7.6 (a)］；随后洪水继续沿新沭河北堤向溃口两侧演进，溃决 6h 后，淹没面积达到 12.83km²，由于通榆河西堤阻挡，洪水向西演进较快［图 7.6 (b)］，随后淹没 G15 沈海高速公路墩尚镇段，此外新河村、河口村及岳韩村等村受淹；溃口溃决 24h 后，洪水淹没范围如图 7.6 (c) 所示，受淹乡镇由墩尚镇扩大至宋庄镇及墩尚镇，淹没面积达到 44.97km²；溃口溃决 48h 后，洪水淹没范河、新沭河、芦河之间的东部区域，淹没面积达到 63.23km²，淹没范围有着继续扩大的趋势［图 7.6 (d)］；溃决 96h 后，洪水越过芦河向北演进，淹没范河与新沭河之间的大部分区域［图 7.6 (e)］，此时保护区内的受淹面积达到最大，受淹乡镇扩大至墩尚镇、宋庄镇、沙河镇、青口镇，其中淹没水深超过 2m 的区域有罗阳溃口附近、小东关村、蛮湾村和刘口村。

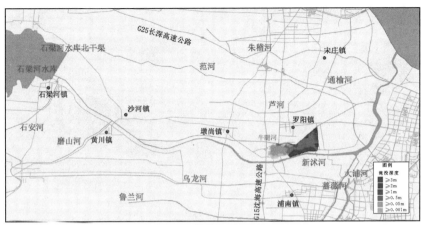

（a）溃决后 3h

（b）溃决后 6h

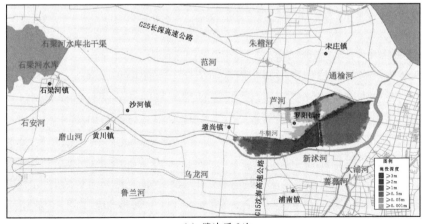

（c）溃决后 24h

图 7.6（一） 洪水演进过程图

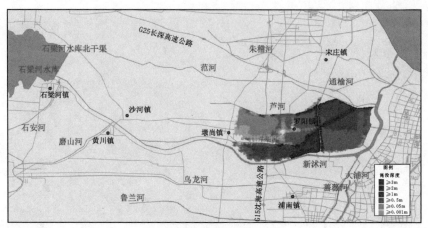

（d）溃决后 48h

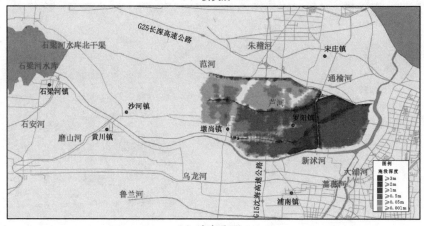

（e）溃决后 4d

图 7.6（二）　洪水演进过程图

2. 典型断面水位流量过程

在整个洪水演进过程中，新沭河罗阳溃口上下游断面流量变化过程如图 7.7 所示。从图中可以看出，罗阳溃口上下游断面流量的总体变化过程类似，且与新沭河 100 年一遇设计洪水过程基本一致，但从罗阳溃口溃决时刻开始不同，当新沭河罗阳溃口段水位到达 6.90m 时，罗阳溃口溃决，此时由于溃口发展时间较短，溃口之前断面位置流量瞬时增大，而溃口之后的断面由于洪水从溃口分流，从罗阳溃口溃决时刻开始，新沭河罗阳溃口下游断面流量下降，在溃口溃决时刻流量下降较大，约为 1800m³/s 左右。图 7.8 为新沭河罗阳溃口上下游断面水位过程。从图中看出，随着时间的增加，罗阳溃口上下游断面水位变化过程总体趋势类似，且均与新沭河 100 年一遇泄流过程变化趋势相似，由此说明，当新沭河断面流量较大时，水位较大，与实际情况相符；同一时刻，由于水流坦化作用，新沭河上游断面水位高于下游断面；从溃口溃决时刻开始，溃口位置附近及溃口下游断面水位均下降，本方案计算结果显示，水位下降约 0.38m。

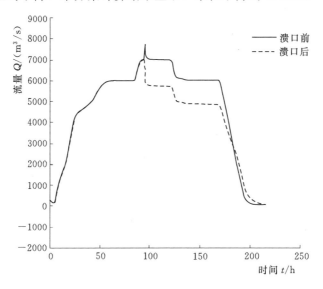

图 7.7　新沭河罗阳溃口上下游断面流量变化过程图

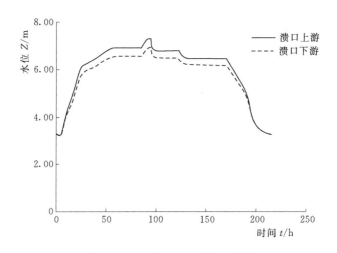

图 7.8　新沭河罗阳溃口上下游断面水位过程图

3. 溃口流量变化过程

罗阳溃口流量变化过程如图 7.9 所示。可以看出，在溃口溃决开始时刻，罗阳溃口附近水深急剧增大；当溃口溃决后，瞬时流量下降，这是由于溃口发展时间为 1h，时间较短，水流从溃口流出后向保护区演进的结果；从 100h 到 180h，

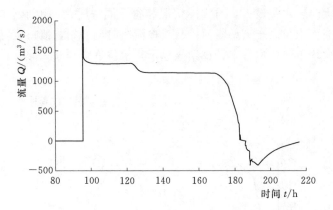

图 7.9　新沭河北堤罗阳溃口流量变化过程图

水流流量下降较为平缓；在 180h 左右，溃口流量急剧下降，且存在负值，这是因为此时流量由罗阳溃口内外的水位决定的，当新沭河内水位低于溃口外的水位时，水流流向溃口外的保护区，溃口流量为正值，当新沭河内水位高于溃口外的水位时，水流倒灌流入新沭河内，溃口流量则为负值。

4. 重要地点淹没特征

本方案计算结果表明，当新沭河发生 100 年一遇洪水，罗阳溃口溃决，同时范河发生次生溃决时，新沭河周边的墩尚镇、宋庄镇、沙河镇、青口镇、青口盐场被淹，保护区河口村、刁疃村、罗阳溃口附近、新合村、岳韩村、范口村淹没过程如图 7.10 所示，从图中可以看出，淹没区内各地最大淹没水深分别为

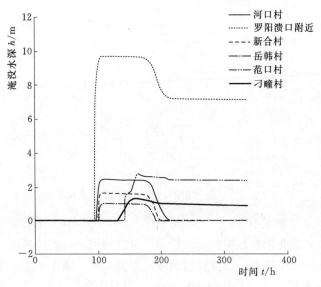

图 7.10　重要地点淹没特征图

2.47m、1.37m、9.68m、1.64m、1.04m、2.80m；在河口村等 5 处代表位置中，罗阳溃口附近、河口村、新合村、岳韩村四个地点处的最大淹没水深持续时间较长；在溃口溃决 80h 左右，保护区内大部分区域开始出现退水现象。计算结果显示，淹没区内相对较危险的区域位于罗阳溃口附近，该处水深较大，最大水深为达 9.7m，且持续时间长，当发生洪水时，该区域内的居民应尽快撤离。

7.5.4 基于 GIS 的洪水资源利用风险图绘制

本文共设置了两组洪水分析方案，分别为石梁河水库 50 年一遇和 100 年一遇下泄流量时新沭河罗阳段发生溃堤时的防洪保护区的风险情况，将石梁河水库下游防洪保护区模型结果导出，并利用 Arcgis 软件将计算范围内的行政区划图、地形图、水系图、防洪工程分布图合成为工作底图，然后导入到洪水风险图绘制软件进行洪水风险图制作。

石梁河水库 50 年一遇下泄流量新沭河罗阳段发生溃堤时，洪水到达时间演进如下。从溃口至通榆河洪水到达时间基本在 3h 以内，自溃口往西至 G15 沈海国道，洪水到达时间从 3 小时内逐渐过渡到 3～6h；自 G15 沈海国道往西至新沭河，洪水到达时间逐渐增长至 6～24h，而自通榆河往东至临洪河，由于受通榆河阻碍作用，洪水到达时间由 6～24h 增加至 24～48h。洪水溃决后逐渐向北演进，受牛腿河阻碍作用，在牛腿河和芦河中间地区洪水到达时间基本在 48h 以上。

石梁河水库 50 年一遇下泄流量新沭河罗阳段发生溃堤时，洪水淹没历时演进如下。在新沭河与芦河以及通榆河所夹地区，除墩尚镇牛河村、新城村等个别乡村洪水淹没历时小于 24h 外，大部分村镇淹没历时均在 1～3d 内，局部地区淹没历时达到 3～7d。在芦河、牛腿河、范河以及通榆河所围的中间区域淹没历时基本在 1～3d 内，个别达到 3～7d，而在牛腿河、新沭河、临洪河以及通榆河所围成的中间区域淹没历时基本在 7d 以上。

石梁河水库 50 年一遇下泄流量新沭河罗阳段发生溃堤时，洪水淹没水深演进如下。在新沭河和牛腿河以及通榆河所围中间区域洪水淹没水深基本在 2～3m，沿牛腿河方向个别地区淹没水深甚至大于 3m。新沭河以北，在通榆河和临洪河中间地区淹没水深从 1～2m 向 2～3m 过渡，局部地区淹没水深达到 3m 以上。通榆河以西，在牛腿河和芦河中间地区以罗阳镇为界从 1～2m 向 0.5～1m、小于 0.5m 过渡，其中 G15 沈海国道以西地区淹没水深基本在 0.5m 以下。

石梁河水库 100 年一遇下泄流量新沭河罗阳段发生溃堤时，洪水到达时间演进如下。从溃口至通榆河洪水达到时间基本在 3h 以内，自溃口往西至 G15 沈海国道，洪水到达时间从 3h 内逐渐过渡到 3～6h；自 G15 沈海国道往西，洪水到达时间逐渐增长至 6～24h，而自通榆河往东，由于受通榆河阻碍作用，洪水到达时间基本为 6～24h。洪水溃决后逐渐向北演进，受牛腿河阻碍作用，在牛腿河和芦河所夹范围内以罗阳镇为界，罗阳镇往东至范河范围内洪水到达时间基本为 24～48h，罗阳镇以西洪水到达时间基本在 48h 以上。

石梁河水库 100 年一遇下泄流量新沭河罗阳段发生溃堤时，洪水淹没历时演进如下。罗阳镇以西部分村镇淹没历时基本在 1～3d 内，局部地区的淹没历时达到 3～7d 或者大于 7d。在罗阳镇以东至通榆河，以北方向至芦河范围内村镇淹没历时基本在 7d 以上。在芦河、牛腿河、范河以及通榆河所围成的范围内淹没历时基本在 1～3d 内，个别达到 3～7d，而在牛腿河、新沭河、临洪河以及通榆河所围成的范围内大部分淹没历时在 7d 以上。

石梁河水库 100 年一遇下泄流量新沭河罗阳段发生溃堤时，洪水淹没水深演进如下。在新沭河和牛腿河以及通榆河所围中间区域洪水淹没水深基本在 2～3m，沿牛腿河方向个别地区淹没水深甚至大于 3m。新沭河以北，在通榆河和临洪河中间地区淹没水深从 1～2m 向 2～3m 过渡，局部地区淹没水深达到 3m 以上。通榆河以西，在牛腿河和芦河中间地区以 G204 国道为界从 1～2m 向 0.5～1m、小于 0.5m 过渡，其中 G204 国道以西地区淹没水深基本在 1m 以下。在芦河与范河中间的地区洪水淹没水深基本在 0.5m 以下。

参 考 文 献

［1］ 徐建军. 深圳市雨洪资源利用方式分析［J］. 中国农村水利水电，2007（5）：14 - 15.

［2］ 向立云，魏智敏. 洪水资源化——概念、途径与策略［J］. 水利发展研究，2005（7）：24 - 29.

［3］ 汤喜春. 雨洪资源利用的必要性及其措施探讨［J］. 湖南水利水电，2005（5）：71 - 73.

［4］ 李运辉，陈献耘，沈艳忱. 美国中亚利桑那调水工程［J］. 水利发展研究，2003，3（3）：55 - 58.

［5］ Thomas N，Reese，D A. Municipal Storm water Management［M］. CRC Press，2002：1 - 11.

［6］ 李开鲁. 关于修建莱州湾特大型水库的设想［J］. 水利水电科技进展，1997，17（4）：28 - 29.

［7］ 邵东国，李玮，刘丙军，等. 抬高水库汛限水位的洪水资源化利用研究［J］. 中国农村水利水电，2004（9）：26 - 29.

［8］ 袁晶瑄，王本德. 桓仁水库汛限水位动态控制决策支持表研制［J］. 大连理工大学学报，2012，52（2）：253 - 258.

［9］ 李玮，郭生练，刘攀，等. 基于预报及库容补偿的水库汛限水位动态控制研究［J］. 水文，2006，26（6）：11 - 16.

［10］ Rackwitz R，Fiessler B. Note on discrete safety checking when using non - normal stochastic models for basic variable［J］. 1976（14）：85 - 100.

［11］ Houck M H. A chance constrained optimization model for reservoir design and operation［J］. Water Resources Research，1979，15（5）：1011 - 1016.

［12］ Simonovic S P，Marino M A. Reliability programing in reservoir management：Single multipurpose reservoir［J］. Water Resources Research，1980，16（5）：844 - 848.

［13］ Loucks D P，Stedinger J R，Haith D A. Water resources systems planning and analysis［M］. New Jersey：Prentie - Hall，1981.

［14］ Yazicigil H，Houck M H，Toebes G H. Daily operation of a multi - purpose reservoir systems［J］. Water Resources Research，1983，19（3）：727 - 738.

［15］ Vogel R M. Reliability indices for water supply systems［J］. Journal of Water Resources Planning and Management，1987，113（4）：563 - 579.

［16］ Karlsson P O，Haimes Y Y. Risk assessment of extreme events：application［J］. Journal of Water Resources Planning and Management，1989，115（3）：299 - 320.

［17］ Salmon G M，Hartford D N D. Risk analysis for dam safety［C］. International Journal of Rock Mechanics and Mining Sciences and Geomechanics Abstracts. Elsevier Science，1995，32（6）.

［18］ Anselm V，Galeati G，Palmirei S，et al. Flood risk assessment using a integrated hydro-logical and hydraulic modeling approach：a case study ［J］. Journal of Hydrologic Engineering，1996，175：533 - 554.

［19］ Bouma J J，Francois D，Troch P. Risk assessment and water management ［J］. Environmental Modelling & Software，2005，20：141 - 151.

［20］ LI Yi，Lence B. On risk analysis of water resources systems under non - stationary conditions ［C］Proceedings of the 2005 World Water and Environmental Resources Congress：Impacts of Global Climate Change. Alaska：ASCE，2005.

［21］ Feng P，Han S. Flood risk analysis of heightening limited water level of reservoir in flood season ［J］. Journal of Tianjin University Science and Technology，2007，40（5）：525 - 529.

［22］ Cao Y Q，Han Y，Wang B D. Study on control scheme of reservoir limited water level based on water supply risk ［C］International Conference on Wireless Communications，Networking and Mobile Computing：WCM，2008.

［23］ Wang B D，Guo X L，Zhou H C. Risk analysis on the dynamic control of limit water level based on Bayes theorem ［J］. Journal of Hydroelectric Engineering，2011，30（3）：34 - 38.

［24］ Dong S H，Zhao Y K，Lin Y H. Risk analysis on downstream of a reservoir when the flood control forecast operation method is used——an example of Shenwo reservoir ［C］3rd International Conference on Green Building，Materials and Civil Engineering：GB-MCE，2013.

［25］ Wang Z J，Zhu J F，Shang W X. Determining the risk - moderate criterion for flood utilization ［J］. Advances in Water Science，2015，26（1）：27 - 33.

［26］ 王启元，高学平. 于桥水库多级汛限水位研究 ［J］. 水力发电，2007，33（6）：23 - 25.

［27］ 闫轲. 流域下游洪水资源利用模式与风险决策分析 ［D］. 南京：河海大学，2012.

［28］ 罗乾. 城市雨洪资源利用潜力与效益研究 ［D］. 南京：河海大学，2012.

［29］ 唐摇影. 过境洪水资源可利用量分配及效益量化方法研究 ［D］. 南京：河海大学，2015.

［30］ 林杰. 基于汛限水位调整的水库洪水资源利用风险分析 ［D］. 南京：河海大学，2016.

［31］ 周新民，倪培桐，唐造造，等. 感潮河网水动力模型在城市水环境治理中的应用 ［J］. 广东水利水电，2010（11）：18 - 20，32.

［32］ 丁涛，楼越平，马小兵. 滨海平原河网洪水资源利用研究 ［J］. 水利学报，2007，38（A1）：356 - 359.

［33］ 任必穷. 北三河系雨洪水资源化技术研究 ［M］. 北京：方志出版社，2013.

［34］ 许士国，李文义. 松嫩平原洪水资源利用引蓄水方式研究 ［J］. 中国科学（E辑：技术科学），2008（5）：687 - 697.

［35］ 朱思远，田军仓，李全东. 地下水库的研究现状和发展趋势 ［J］. 节水灌溉，2008（4）：23 - 27.

[36] 尹祚栋. 水源涵养林的功能与作用 [J]. 甘肃林业，2008 (6)：38 – 39.

[37] 俞绍武，任心欣，王国栋. 南方沿海城市雨洪利用规划的探讨——以深圳市雨洪利用规划为例 [M]. 天津：天津电子出版社，2009：4381 – 4384.

[38] 万俊，陈惠源，杨小冬，等. 白盆珠水库汛期蓄水运用风险分析 [J]. 水电能源科学，2000，18 (1)：25 – 27.

[39] 万俊，陈惠源. 考虑预报预泄时白盆珠水库汛期蓄水运用方式研究 [J]. 武汉水利电力大学学报，2000，33 (1)：10 – 13.

[40] 黄强，沈晋，李文芳，等. 水库调度的风险管理模式 [J]. 西安理工大学学报，1998，14 (3)：230 – 235.

[41] 黄强，苗隆德，王增发. 水库调度中的风险分析及决策方法 [J]. 西安理工大学报，1999，15 (4)：6 – 10.

[42] 王本德，周惠成，程春田，等. 水库预蓄效益与风险控制模型 [J]. 水文，2000，20 (1)：14 – 18.

[43] 王本德，郑德凤，周惠成，等. 汛限水位动态控制方案优选方法及指标体系研究 [J]. 大连理工大学学报，2007，47 (1)：113 – 118.

[44] 冯平，陈根福. 超汛限水位蓄水的风险效益分析 [J]. 水利学报，1996，27 (6)：29 – 33.

[45] 傅湘，纪昌明. 水库汛期调度的最大洪灾风险率研究明 [J]. 水电能源科学，1998，6 (2)：12 – 15.

[46] 刘俊萍，田峰巍，黄强. 水库洪水调度中的风险分析方法 [J]. 水文，1998 (3)：1 – 3.

[47] 黄强，苗隆德，王增发. 水库调度中的风险分析及决策方法 [J]. 西安理工大学学报，1999，15 (4)：6 – 10.

[48] 王本德，周惠成，程春田，等. 水库预蓄效益与风险控制模型 [J]. 水文，2000，20 (1)：14 – 18.

[49] 姜玉婷，杨明. 清河水库单站实测降雨预报调度风险 [C] //水库水文气象预报风险调度论文集，2001.

[50] 朱小凯. 汛限水位控制的极限风险分析 [D]. 大连：大连理工大学，2002.

[51] 冯利华. 基于信息扩散理论的洪水风险分析 [J]. 信息与控制，2002，31 (2)：164 – 166.

[52] 梅亚东，谈广鸣. 大坝防洪安全的风险分析 [J]. 武汉大学学报，2002，35 (6)：11 – 15.

[53] 肖义，郭生练，周芬，等. 基于风险分析的大坝设计洪水标准研究 [J]. 水力发电，2003，11：6 – 9.

[54] 殷峻暹. 城市防洪与供水模糊集与风险分析研究与应用 [D]. 大连：大连理工大学，2003.

[55] 王栋，潘少明，吴吉春，等. 洪水风险分析的研究进展与展望自然灾害学报 [J]. 2006，15 (1)：103 – 109.

[56] 王本德，郑德凤，周惠成，等. 汛限水位动态控制方案优选方法及指标体系研究 [J].

大连理工大学学报，2007 (1)：113 - 118.

[57] 李英海，周建中，张勇传，等. 水库防洪优化调度风险决策模型及应用 [J]. 水力发电，2009 (4)：19 - 21.

[58] 纪昌明，李克飞，张验科，等. 梯级水电站群联合调度多目标风险决策模型 [J]. 水力发电，2013 (4)：61 - 64.

[59] 程亮，王宗志，金菊良，等. 基于秩相关随机变量模拟的水库防洪风险估计 [J]. 灾害学，2014，29 (4)：20 - 22.

[60] 王忠静，朱金峰，尚文绣. 洪水资源利用风险适度性分析 [J]. 水科学进展，2015，26 (1)：27 - 33.

[61] 陈玉祥. 专家调查法 [J]. 青年研究，1982 (4)：22 - 23.

[62] 郭仲伟. 风险的辨识—风险分析与决策讲座（一）[J]. 系统工程理论与实践，1987 (1)：72 - 77.

[63] 邵晨曦，白方周. 定性仿真技术及应用 [J]. 系统仿真学报，2004，16 (2)：202 - 208.

[64] 张建设. 面向过程的工程项目风险动态管理方法研究 [D]. 天津：天津大学，2003.

[65] 刘家福，李京，刘荆，等. 基于 GIS/AHP 集成的洪水灾害综合风险评价——以淮河流域为例闭 [J]. 自然灾害学报，2008，17 (6)：111 - 114.

[66] 杨宇杰. 事故树和贝叶斯网络用于溃坝风险分析的研究 [D]. 大连：大连理工大学，2008.

[67] 王雪妮. 泡沼引蓄河流洪水资源风险研究 [D]. 大连：大连理工大学，2010.

[68] 朱婷. 雨水管网运行风险分析和模拟方法 [D]. 上海：同济大学，2008.

[69] 傅湘，王丽萍，纪昌明. 极值统计学在洪灾风险评价中的应用 [J]. 水力学报，2001，32 (7)：8 - 12.

[70] 刘艳丽. 径流预报模型不确定性研究及水库防洪风险分析 [D]. 大连：大连理工大学，2008.

[71] 焦瑞峰. 水库防洪调度多目标风险分析模型及应用研究 [D]. 郑州：郑州大学，2004.

[72] SL 104—2015 水利工程水利计算规范 [S].

[73] 大连理工大学，国家防汛抗旱总指挥部办公室. 水库防洪预报调度方法及应用 [M]. 北京：中国水利水电出版社，1996.

[74] 李旭光. 水库汛限水位控制若干重要问题研究及应用 [D]. 大连：大连理工大学，2008.

[75] 高波，吴永祥，沈福新，等. 水库汛限水位动态控制的实现途径 [J]. 水科学进展，2005，16 (3)：411 - 415.

[76] 张改红. 基于防洪预报调度的水库汛限水位设计与控制研究 [D]. 大连：大连理工大学，2008.

[77] 史淑娟，李怀恩，林启才，等. 跨流域调水生态补偿量分担方法研究 [J]. 水利学报，2009，40 (3)：268 - 273.

[78] 韩瑞光. 海河流域洪水资源利用潜力研究 [J]. 海河水利，2009 (6)：4 - 7.

[79] 刘青勇，马承新，张保祥，等. 地下水回灌补源模式研究与示范 [J]. 水利水电技术，2004，35 (2)：57 - 59.

[80] 杜汉学，常国纯，张乔生，等. 利用地下水库蓄水的初步认识 [J]. 水科学进展，2002，13（5）：618－622.

[81] 王本德，周惠成，王国利，等. 水库汛限水位动态控制理论与方法及其应用 [M]. 北京：中国水利水电出版社，2006.

[82] 施国庆，周之豪. 洪灾损失分类及其计算方法探讨 [J]. 海河水利，1990（3）：42－45.

[83] 李雷，王仁忠，盛金保，等. 大坝风险评价与风险管理 [M]. 北京：中国水利水电出版社，2006.

[84] 张凤太，苏维词，赵卫权. 基于土地利用/覆被变化的重庆城市生态系统服务价值研究 [J]. 生态与农村环境学报，2008，24（3）：21－25.

[85] 谢高地，鲁春霞，冷允法，等. 青藏高原生态资产的价值评估 [J]. 自然资源学报，2003，18（2）：189－192.

[86] 黄显峰，黄雪晴，方国华，等. 洪水资源利用风险效益量化研究 [J]. 华北水利水电大学学报（自然科学版），2016，37（6）：49－54.

[87] 林杰，黄显峰，付晓敏，等. 水库汛限水位调整风险决策模型构建与运用 [J]. 中国农村水利水电，2016（11）：7－11.

[88] 朱丽向，黄显峰. 石梁河水库洪水资源利用水位控制初步研究 [J]. 大坝与安全，2015，29（3）：14－18.

[89] 黄显峰，林杰，方国华，等. 石梁河水库分期汛限水位研究 [J]. 水电能源科学，2015，33（8）：42－45.

[90] 朱丽向，黄显峰，贾成孝. 连云港市雨洪资源利用模式及效益分析 [J]. 水利科技与经济，2014，20（10）：21－24.

[91] 张斌，黄显峰，方国华，等. 基于水足迹理论的连云港市水资源安全评价 [J]. 中国农村水利水电，2012（6）：61－64.

[92] 罗乾，方国华，黄显峰，等. 流域下游缺水区雨水资源利用潜力研究 [J]. 水电能源科学，2011，29（12）：5－7.

[93] 方国华，罗乾，黄显峰，等. 基于生态足迹模型的区域水资源生态承载力研究 [J]. 水电能源科学，2011，29（10）：12－14.

[94] 罗乾，方国华，黄显峰，等. 基于能值理论分析方法的农业灌溉效益研究 [J]. 水电能源科学，2011，29（6）：137－139.

[95] 罗乾，方国华，黄显峰. 基于能值理论分析方法的工业供水效益研究 [J]. 水利科技与经济，2011，17（5）：37－40.

[96] 闫轲，方国华，黄显峰，等. 雨洪资源利用进展与利用模式探索 [J]. 水利科技与经济，2011，17（3）：58－60.

[97] 谢季坚，刘承平. 模糊数学方法及应用 [M]. 武汉：华中科技大学出版社，2006.

[98] 龚光鲁，钱敏平. 应用随机过程教程及其在算法与智能计算中的应用 [M]. 北京：清华大学出版社，2004.

[99] 卫贵武. 基于模糊信息的多属性决策理论与方法 [M]. 北京：中国经济出版社，2010.

［100］ 吴浩云，刁训娣，曾赛星．引江济太调水经济效益分析——以湖州市为例［J］．水科学进展，2008，19（6）：888-892．
［101］ 高成德，余新晓．水源涵养林研究综述［J］．北京林业大学学报，2000，22（5）：78-82．